신기하고 재밌는
바다물고기도감

신기하고 재밌는
바다물고기 도감

초판 인쇄 2025년 01월 05일
초판 발행 2025년 01월 11일

지은이 씨엘
펴낸이 진수진
펴낸곳 혜민BOOKS

주소 경기도 고양시 일산서구 대산로 53
출판등록 2013년 5월 30일 제2013-000078호
전화 031-911-3416
팩스 031-911-3417

신기하고 재밌는

배다물고기 도감

글·그림 **씨엘**

차례

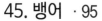

6

가다랑어

우리나라 남해, 동해 등 전 세계 바다에 분포합니다. 수온 15~30도의 따뜻한 바다에 서식하지요.

수만 마리씩 무리지어 다니는데, 주로 수심 250미터 이내에서 활동합니다. 대개 시속 40킬로미터가 넘는 빠른 속도로 이동하지요.

가다랑어는 몸길이 80~120센티미터까지 자라납니다. 몸무게는 25킬로그램 안팎이고요. 몸 색깔은 등 부분이 짙은 푸른색이고, 배 부분은 은백색 바탕에 4~10줄의 검은색 줄무늬가 있습니다. 몸은 방추형으로 통통하며, 주둥이가 뾰족하고, 2개의 등지느러미를 가졌지요. 그 밖에 가슴지느러미, 배지느러미, 뒷지느러미, 꼬리지느러미가 보입니다. 가다랑어의 주요 먹이는 멸치, 전갱이 같은 작은 물고기를 비롯해 오징어, 새우 등입니다. 산란 기간이 되면 여러 차례 알을 낳는데, 그 수가 한 번에 수만 개에서 수십만 개에 이르지요. 평균 수명은 10년 안팎으로 알려져 있습니다.

분류	동물계 〉 척삭동물문 〉 경골어강 〉 고등어과	사는곳	전 세계 온대 및 열대 해역	크기	몸길이 80~120센티미터
먹이	작은 물고기, 오징어, 새우 등				

개복치

전 세계의 따뜻한 바다에 분포합니다. 대부분 수심 200미터 이하에서 서식하는데, 이따금 600미터 정도까지 내려가기도 하지요. 육지와 가까운 연안보다는 먼 바다에서 활동합니다. 개복치는 몸길이 180~360센티미터에, 몸무게도 1천 킬로그램 안팎에 이르는 개체가 많습니다. 몸 색깔은 등 부분이 검은빛을 띠는 푸른색이고, 배 부분은 회백색이지요. 몸은 옆으로 납작한 타원형이며 눈과 입, 아가미구멍이 작습니다. 등지느러미와 꼬리지느러미가 기다랗고, 가슴지느러미가 작으며, 배지느러미가 없는 것도 눈에 띄는 모습이지요. 또한 부레가 없는 점도 중요한 특징 중 하나입니다. 여기서 부레란 경골어류의 몸속에 있는 공기주머니로, 물고기가 물속에서 위아래로 이동하는 데 쓰이는 기관이지요. 개복치의 주요 먹이는 해파리, 동물성 플랑크톤, 오징어, 새우, 작은 물고기 등입니다. 번식기의 암컷은 한 번에 무려 3억 개의 알을 낳는 것으로 알려져 있지요. 수족관에서는 10년 가까이 사는 개체도 있다고 합니다.

분류 동물계 〉 척삭동물문 〉 경골어강 〉 개복치과   **사는곳** 전 세계 온대 및 열대 해역   **크기** 몸길이 180~360센티미터

먹이 해파리, 동물성 플랑크톤, 오징어, 새우, 작은 물고기 등

곰치

태평양과 인도양을 중심으로 분포합니다. 바위가 많거나 산호초가 무성한 곳에 주로 서식하지요. 야행성 어류인데, 성질이 사나워 자주 공격적인 모습을 드러냅니다. 매우 날카로운 이빨로 상대를 한번 물면 좀처럼 놓아주는 법이 없지요. 곰치의 몸은 가늘고 기다란 모습입니다. 가슴지느러미와 배지느러미가 없고, 등지느러미와 뒷지느러미가 꼬리지느러미에 잇닿아 있지요. 피부에는 비늘이 없으며, 크게 짖어진 형태의 입에는 단단한 이빨이 일렬로 늘어서 있습니다. 몸길이는 60~70센티미터 정도지요. 몸 색깔은 전체적으로 황갈색 바탕에, 흑갈색의 가로무늬가 불규칙하게 나타나 있습니다. 곰치는 작은 물고기와 오징어 등을 즐겨 잡아먹습니다. 서로 서식지가 겹치는 문어와 다툼을 벌여 먹잇감으로 삼기도 하고요. 곰치의 입에는 독샘이 있어, 사람이 물릴 경우 자칫 신경이나 순환계가 마비될 수 있다고 합니다. 그만큼 바다의 무서운 포식자로서 위력을 발휘하지요.

분류	동물계 〉 척삭동물문 〉 경골어강 〉 곰치과	사는곳	태평양, 인도양	크기	몸길이 60~70센티미터
먹이	작은 물고기, 문어, 오징어 등				

꼼치

우리나라와 일본, 중국의 바다에 분포합니다. 그다지 깊지 않은 수심 50~80미터인 곳에 서식하지요. 바다 바닥이 뻘로 이루어진 지역을 좋아합니다. 날씨가 추워지면 육지와 가까운 연안으로 이동해 생활하지요. 꼼치는 몸길이가 35~60센티미터 정도입니다. 몸 색깔은 등 부분이 약하게 붉은빛이 도는 연갈색이고, 배 부분은 흰색을 띱니다. 그와 더불어 옆구리에 검은색 반점이 퍼져 있으며, 꼬리지느러미 가운데에 흰색 무늬가 보이지요. 그 밖에 가슴지느러미의 폭이 넓고, 비늘이 거의 없으며, 양쪽 배지느러미가 합쳐진 모습도 개성적입니다. 꼼치의 주요 먹이는 까나리 같은 작은 물고기와 새우 등입니다. 암컷은 산란기가 되면 해조류 줄기에 알을 낳지요. 그것은 10센티미터 안팎의 알 덩어리 형태인데, 접착력이 있어 어지간한 물살에는 휩쓸려가지 않습니다. 더구나 어미는 몸을 둥글게 말아 알을 보호하지요. 어미는 대개 1년 만에 알을 낳고 삶을 마친다고 합니다.

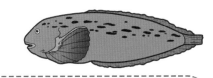

분류 동물계 〉 척삭동물문 〉 경골어강 〉 꼼치과 **사는곳** 한국, 일본, 중국 **크기** 몸길이 35~60센티미터

먹이 작은 물고기, 새우 등

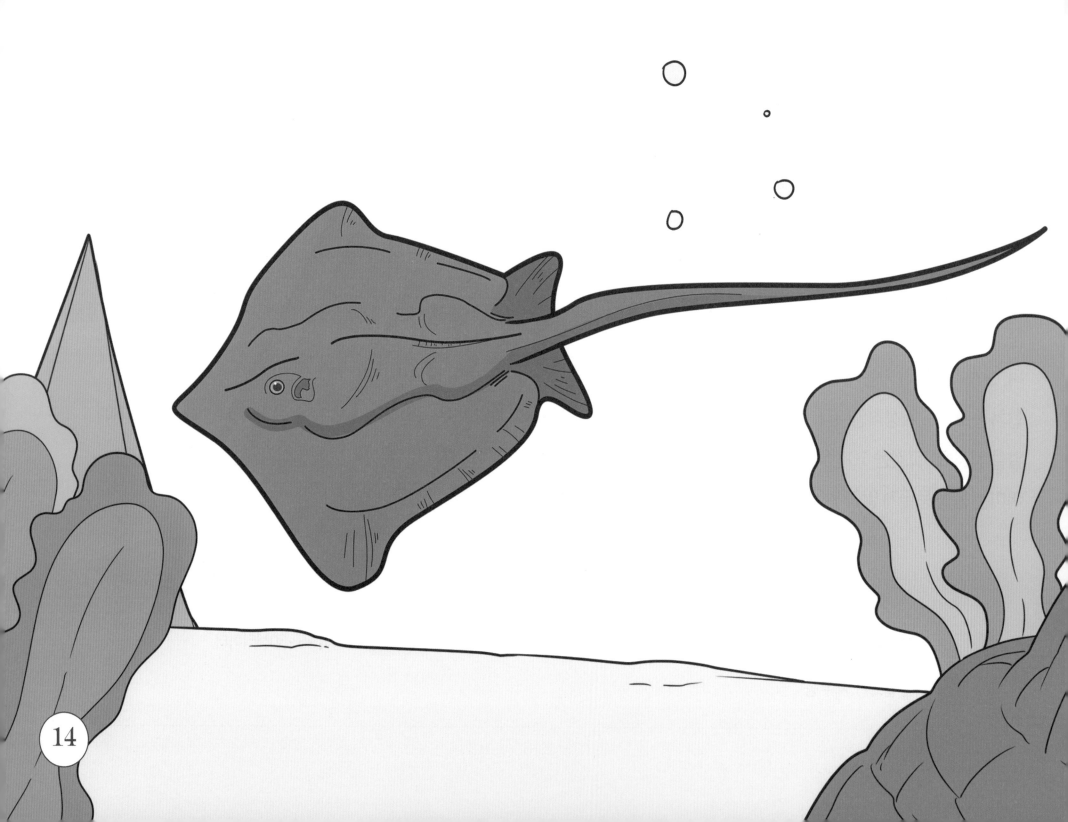

노랑가오리

우리나라를 비롯한 서태평양에 분포합니다. 바닥이 모래나 진흙으로 이루어진 수심 10미터 정도의 얕은 바다에 주로 서식하지요. 이따금 강 하구에서 발견되기도 합니다. 노랑가오리는 몸길이가 100센티미터 남짓까지 성장합니다. 몸의 형태가 넓고 납작한데, 위에서 보면 거의 오각형에 가깝다고 할 수 있지요. 눈은 작고 분수공이 있으며, 주둥이는 짧고 끝이 제법 뾰족한 모습입니다. 등지느러미와 꼬리지느러미가 없는 데 비해, 배지느러미는 작게 드러나 있지요. 또한 채찍 모양의 기다란 꼬리는 몸의 1.5~2배나 됩니다. 꼬리에는 약 15센티미터쯤 되는 긴 가시가 하나 보이는데, 독이 있어 자신을 위협하는 상대에게 치명상을 입히지요. 몸 색깔은 등 부분이 전체적으로 갈색을 띠며, 배 부분의 가장자리 등은 붉은빛이 도는 노란색입니다. 노랑가오리는 주로 새우, 게, 갯가재, 갯지렁이, 작은 물고기 등을 잡아먹습니다. 번식 방법은 난태생으로, 암컷은 한배에 10마리 안팎의 새끼를 낳지요.

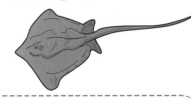

분류	동물계 〉 척삭동물문 〉 연골어강 〉 색가오리과	사는곳	한국을 비롯한 서태평양	크기	몸길이 100센티미터 남짓
먹이	새우, 게, 갯가재, 갯지렁이, 작은 물고기 등				

도다리

한국, 일본, 중국, 대만의 바다에 분포합니다. 바다 바닥이 모래와 진흙으로 이루어진 연안에 주로 서식하지요. 우리나라를 예로 들면, 겨울에 서해의 도다리가 남해로 이동하는 등 계절에 따라 조금씩 서식지를 옮겨 다니는 습성이 있습니다. 도다리의 특징 중 하나는 돌출된 두 눈이 몸의 오른쪽에 치우쳐 있다는 점입니다. 몸은 마름모꼴이며, 짧은 주둥이에 입이 작고 이빨이 없지요. 그것은 눈이 왼쪽에 몰려 있고, 큰 입에 이빨이 있는 넙치와 구별되는 개성입니다. 몸길이는 30센티미터 안팎이지요. 몸 색깔은 눈이 있는 윗부분의 경우 황갈색이나 회색 바탕에 짙은 갈색 무늬 반점이 흩어져 있는 모습입니다. 그와 달리 눈이 없는 쪽은 대체로 흰색에 가깝지요. 도다리의 주요 먹이는 새우, 조개, 게, 갯지렁이, 동물성 플랑크톤 등입니다. 대부분의 먹이 활동은 바다 밑바닥에서 이루어지지요. 산란기의 암컷은 여러 번에 걸쳐 알을 낳는 방식으로 번식합니다. 부화된 새끼는 자라면서 점점 눈이 한쪽으로 쏠려, 몸길이 2~3센티미터 때 완전히 오른쪽에 자리를 잡지요.

분류	동물계 〉 척삭동물문 〉 경골어강 〉 가자미과	사는곳	한국, 일본, 중국, 대만	크기	몸길이 30센티미터 안팎
먹이	새우, 조개, 게, 갯지렁이, 동물성 플랑크톤 등				

돛새치

대서양, 인도양, 태평양에 두루 분포합니다. 무엇보다 칼처럼 튀어나온 양턱이 눈길을 끄는데, 위턱이 아래턱보다 2배 넘게 길지요. 언뜻 주둥이가 기다란 꼬챙이처럼 보일 정도입니다. 위아래 턱에는 작은 이빨이 나 있지요. 돛새치는 첫 번째 등지느러미가 마치 돛을 펼친 것처럼 커다랗습니다. 그런 모습에서 이 물고기의 이름이 유래되었지요. 첫 번째 등지느러미는 짙은 푸른빛을 띠면서, 거기에 반점 무늬가 잔뜩 흩어져 있습니다. 또한 긴 끈같이 늘어져 있는 배지느러미도 개성적인 모습이지요. 돛새치의 몸길이는 250센티미터 안팎입니다. 몸무게는 55~80킬로그램이고요. 몸 색깔은 등 부분이 어두운 청색, 배 부분은 회백색입니다. 그런데 돛새치는 상황에 따라 몸 색깔이 변하는 특성을 가진 터라, 흥분하거나 먹이 활동을 할 때는 다른 색깔로 순식간에 변신하기도 합니다. 돛새치의 주요 먹이는 작은 물고기와 오징어, 문어, 주꾸미 등입니다. 산란 시기는 대개 8~9월이지요.

분류	동물계 〉 척삭동물문 〉 경골어강 〉 돛새치과	사는곳	대서양, 인도양, 태평양	크기	몸길이 250센티미터 안팎
먹이	작은 물고기, 오징어, 문어, 주꾸미 등				

먹장어

흔히 '곰장어', '꼼장어'라고 부르기도 합니다. 우리나라를 비롯해 북서태평양에 주로 분포하지요. 수심이 깊지 않은 연안에 서식하는데, 하루 중 대부분의 시간을 바다 밑 모래나 진흙 바닥에 몸을 파묻고 지냅니다. 시력이 퇴화되었다는 의미에서 지금의 이름이 유래되었지요. 먹장어는 몸이 가늘고 기다란 원통형입니다. 뱀장어와 비슷하게 생겼으나 턱이 없지요. 입 가까이 4쌍의 수염이나 있고, 몸에는 특별한 선이 있어 점액을 분비합니다. 비늘은 없으며, 지느러미는 꼬리지느러미만 가졌지요. 몸길이는 55~60센티미터입니다. 몸 색깔은 전체적으로 옅은 자줏빛이 도는 갈색이고요. 먹장어는 기생어류의 일종입니다. 보통 죽은 물고기의 살을 파먹어 배를 채우지요. 다른 물고기나 연체동물의 몸에 빨판 같은 입을 이용해 달라붙은 다음 살과 내장을 빨아먹기도 합니다. 또한 생식기관이 따로 없는 대신 몸 안에 정소와 난소를 모두 갖고 있어 필요에 따라 성별이 달라지는 특성이 있지요. 번식기가 되면 깊은 바다로 이동해 알을 낳습니다.

분류	동물계 〉 척삭동물문 〉 먹장어강 〉 꾀장어과	사는곳	북서태평양	크기	몸길이 55~60센티미터
먹이	죽은 물고기 등				

문치가자미

한국, 일본, 대만 해역에 분포합니다. 수심 10~40미터에 서식하는데, 모래나 진흙이 깔린 바다 밑바닥에 몸을 붙인 채 생활하지요. 우리나라에도 꽤 많은 개체가 있으며 '봄도다리'라고 불리기도 합니다. 문치가자미는 몸길이가 26~35센티미터입니다. 몸의 높이가 낮고 위아래가 납작하게 눌린 형태로, 양쪽 눈이 모두 몸의 오른쪽에 치우쳐 있지요. 또한 머리와 입이 작고, 아래턱이 위턱보다 돌출되어 있습니다. 등지느러미는 거의 몸 전체에 이어져 있으며, 가슴지느러미는 작은 편이지요. 뒷지느러미도 등지느러미 못지않게 발달되어 있고요. 몸 색깔은 전체적으로 어두운 황갈색 바탕에 검은색 무늬가 불규칙하게 흩어져 있는 모습입니다. 눈이 없는 배 부분은 흰색에 가깝지요. 문치가자미의 주요 먹이는 갯지렁이, 새우, 게, 조개 등입니다. 산란기의 암컷은 주로 12~2월에 알을 낳는데, 3년 정도 자라면 성체가 됩니다.

분류	동물계 > 척삭동물문 > 경골어강 > 가자미과	사는곳	한국, 일본, 대만 등	크기	몸길이 26~35센티미터
먹이	갯지렁이, 새우, 게, 조개 등				

베도라치

북서태평양에 분포하는 바닷물고기입니다. 주로 수심 20미터 이하의 얕은 바다에 서식하지요. 특히 어린 개체는 해조류가 풍부하고 바위가 많은 곳을 좋아합니다. 베도라치는 몸길이 20~30센티미터까지 성장합니다. 몸의 형태는 가늘고 길며, 옆으로 납작하게 눌린 모습이지요. 머리를 비롯해 눈과 입이 작고, 위아래 턱에 조그만 이빨이 빼곡하게 나 있습니다. 또한 비늘이 퇴화한 대신 점액선이 발달해 몸이 미끄럽지요. 등지느러미는 길게 꼬리지느러미 앞까지 이어지는데, 뒷지느러미가 끝나는 위치도 그와 비슷합니다. 등지느러미에는 검은색 무늬가 줄지어 나타나 있기도 하지요. 몸 색깔은 전체적으로 황갈색 바탕에 10여 개의 어두운 띠를 두른 모습입니다. 베도라치의 주요 먹이는 어린 게와 새우, 물고기 알, 동물성 플랑크톤 등입니다. 산란기는 9~10월로, 해조류가 많은 연안에 알을 낳지요.

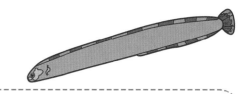

| 분류 | 동물계 〉 척삭동물문 〉 경골어강 〉 황줄베도라치과 | 사는곳 | 북서태평양 | 크기 | 몸길이 20~30센티미터 |
| 먹이 | 어린 게와 새우, 물고기 알, 동물성 플랑크톤 등 | | | | |

가숭어

'참숭어'라고도 합니다. 숭어와 비슷하지만, 몸 색깔에 전체적으로 회색빛이 강하지요. 아울러 숭어보다 머리가 위아래로 납작하고 기름눈꺼풀이 발달하지 않았습니다. 여기서 기름눈꺼풀이란 숭어, 고등어, 정어리 등의 눈에 있는 투명한 막을 가리키지요. 가숭어는 한국, 일본, 중국의 연안에 분포합니다. 겉모습에서 보이는 또 다른 특징은 눈이 크고, 입이 작으며, 2쌍의 콧구멍이 있지요. 또한 몸 색깔은 등 부분이 푸른빛을 나타내며, 배 쪽은 은백색이지요. 그 밖에 눈은 노란색이고, 등지느러미에는 어두운 회색빛이 감돕니다. 다른 지느러미들은 황갈색이나 황색을 띠고요. 몸길이는 60~90센티미터까지 성장하지요. 가숭어의 주요 먹이는 식물성 플랑크톤, 동물성 플랑크톤, 작은 물고기, 미역 등입니다. 산란기는 2~3월 무렵이지요. 연안에서 사는 물고기인 탓에, 치어 때는 강 하구에 올라와 생활하기도 합니다.

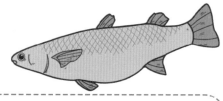

분류 동물계 〉 척삭동물문 〉 경골어강 〉 숭어과   **사는곳** 한국, 일본, 중국의 연안   **크기** 몸길이 60~90센티미터

먹이 식물성 플랑크톤, 동물성 플랑크톤, 작은 물고기, 미역 등

갯장어

'참장어'라고도 합니다. 한국, 중국, 일본, 대만, 필리핀, 오스트레일리아 등의 해역에 분포하지요. 주로 진흙이 깔린 연안에 서식하는데, 낮에는 바위 틈 같은 데서 숨어 지내다가 밤이 되면 활발히 먹이 활동을 합니다. 갯장어는 몸이 길고 가늘며, 옆으로 납작한 모습입니다. 몸에 비늘이 없으며, 배지느러미도 보이지 않지요. 주둥이가 뾰족하고, 위턱이 아래턱보다 튀어나온 것도 눈에 띕니다. 그리고 무엇보다 이빨이 매우 날카롭다는 점을 빼놓을 수 없지요. 위아래 턱에 2~3줄로 된 강한 이빨이 있는데, 특히 앞쪽에는 억센 송곳니가 있어 주의를 기울여야 합니다. 갯장어의 몸길이는 120~200센티미터에 이릅니다. 몸 색깔은 등 부분이 다갈색이고, 배 부분은 흰색이지요. 주요 먹이는 물고기, 새우, 게, 꼴뚜기, 오징어 등입니다. 주로 5~7월에 산란하는데, 암컷 한 마리가 한 해에 수십만 개의 알을 낳습니다.

분류	동물계 〉 척삭동물문 〉 경골어강 〉 갯장어과	사는곳	한국, 중국, 일본, 대만, 필리핀, 오스트레일리아 등
크기	몸길이 120~200센티미터	먹이	물고기, 새우, 게, 꼴뚜기, 오징어 등

깃대돔

인도양, 태평양을 중심으로 전 세계의 따뜻한 바다에 분포합니다. 주로 바위와 산호초가 많은 곳에 서식하지요. 깃대돔의 영어

이름에는 '무어인들의 우상'이라는 뜻이 담겨 있는데, 지난날 이슬람교를 믿는 아랍인들이 이 물고기를 신성시했기 때문입니다.

깃대돔의 몸길이는 20센티미터 안팎입니다. 그런데 등지느러미가 실처럼 길게 늘어져 있어, 그 길이가 몸의 2배 이상이나 되지요.

그것이 얼핏 뾰족한 깃대같이 보이기도 해서 지금의 이름이 붙게 됐습니다. 또한 몸이 넓고 납작하며, 주둥이가 원뿔형으로 길고,

몸 색깔이 화려한 특징이 있지요. 깃대돔의 몸에는 검은색, 노란색, 흰색이 마치 줄무늬처럼 어우러져 아름다움을 자아냅니다.

주둥이 위쪽의 주황색도 눈길을 끌지요. 깃대돔은 주로 동물성 플랑크톤과 새우, 해조류 등을 먹이로 삼습니다.

사람들이 예쁜 생김새에 매력을 느껴 사육하려고 하지만 대부분 인공으로 만든 환경에 잘 적응하지 못하지요.

그 대신 〈니모를 찾아서〉와 같은 영화에 등장시켜 친밀감을 높이고 있습니다.

분류 동물계 〉 척삭동물문 〉 경골어강 〉 깃대돔과   **사는곳** 인도양, 태평양 등   **크기** 몸길이 20센티미터 안팎

먹이 동물성 플랑크톤, 새우, 해조류 등

32

꽁치

한국, 일본, 미국, 멕시코 해역 등 북태평양에 분포합니다. 대개 수심 200미터가 넘지 않는 바다에 서식하면서, 계절에 따라 적절한 수온을 찾아 이동하지요. 그 온도는 보통 14~20도 정도입니다. 그래야만 먹이 활동과 산란에 유리하기 때문이지요. 꽁치는 몸이 길고 가늘며, 머리끝이 뾰족한 모습입니다. 지느러미가 별로 발달되어 있지 않고, 아래턱이 위턱보다 조금 튀어나와 있지요. 흔히 아래쪽 입 부분이 둥근 편인 것은 수컷, 좀 더 뾰족한 것은 암컷으로 구분합니다. 몸길이는 25~40센티미터 정도지요. 몸 색깔은 등 부분이 검푸른색을 띠고, 배 쪽은 은백색입니다. 꽁치는 대규모로 무리를 지어 생활하는 습성이 있습니다. 주요 먹이는 동물성 플랑크톤, 다른 물고기의 알, 새우 등이지요. 산란기는 5~8월이며, 암컷이 알을 낳은 뒤 체외수정이 이루어집니다. 평균 수명은 2년이 넘지 않는 것으로 알려져 있지요.

분류 동물계 〉 척삭동물문 〉 경골어강 〉 꽁치과   **사는곳** 북태평양   **크기** 몸길이 25~40센티미터

먹이 동물성 플랑크톤, 다른 물고기의 알, 새우 등

농어

한국, 일본, 중국, 대만 등의 해역에 분포합니다. 계절에 따라 서식지가 조금씩 달라지는데, 날씨가 따뜻할 때는 연안에서 살다가 기온이 내려가면 깊은 바다로 이동하지요. 특히 산란기에는 수온이 14~16도 정도를 유지해야 합니다.

농어는 몸길이가 50~100센티미터까지 자라납니다. 몸은 타원형으로 약간 길고 납작한 형태이며, 주둥이가 크고 아래턱이 위턱보다 조금 길지요. 또한 몸에는 잔비늘이 많고, 성체가 되기 전에는 옆구리와 등지느러미에 흑갈색 반점이 흩어져 있습니다. 치어 때는 여름철에 강 하구로 올라온 모습이 종종 눈에 띄기도 하지요. 아울러 등지느러미와 뒷지느러미에는 단단한 가시가 있습니다.

몸 색깔은 등 부분이 푸른색, 배 부분이 은백색을 띠고요. 농어의 주요 먹이는 멸치, 전갱이 같은 작은 물고기와 새우 등입니다. 태어난 지 2~3년이면 산란을 시작하는데, 보통 11월에서 다음해 4월 사이에 알을 낳습니다.

우리나라에서는 어린 농어를 '깔따구', '까지메기', '껄떡이' 등으로 부르기도 하지요.

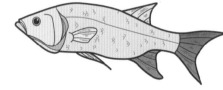

분류 동물계 〉 척삭동물문 〉 경골어강 〉 농어과   **사는곳** 한국, 일본, 중국, 대만 등   **크기** 몸길이 50~100센티미터

먹이 멸치, 은어, 전갱이, 새우 등

도루묵

한국, 러시아 사할린, 미국 알래스카 등 북태평양에 분포합니다. 수심 100~400미터에 이르는 깊은 바다에 서식하지요. 바닥에 진흙과 모래가 섞인 곳을 좋아하며, 주로 밤에 먹이 활동을 합니다. 그렇게 해야 천적을 피할 수 있기 때문이지요. 도루묵은 몸길이 20~26센티미터의 바닷물고기입니다. 몸은 옆으로 납작한 형태이며, 아래턱이 위쪽으로 튀어나와 입이 들려 있는 듯 보이지요. 머리가 작고 눈이 큰 편이며, 비늘은 없습니다. 또한 적당한 간격으로 2개의 등지느러미가 있고, 발달된 가슴지느러미와 달리 배 지느러미는 크기가 작지요. 항문에서 시작한 뒷지느러미는 꼬리지느러미까지 뻗어 있고요. 몸 색깔은 등의 경우 황갈색 바탕에 흑갈색 무늬가 흩어져 있고, 배 부분은 은백색입니다. 도루묵의 주요 먹이는 동물성 플랑크톤, 새우, 새끼오징어, 해조류 등입니다. 산란기는 11~12월이며, 한 마리의 암컷이 한 번에 1천500여 개의 알을 낳지요. 어미가 해초 등에 낳아놓은 도루묵 알은 약 60일 만에 치어가 됩니다.

분류	동물계 〉 척삭동물문 〉 경골어강 〉 도루묵과	사는곳	북태평양	크기	몸길이 20~26센티미터
먹이	동물성 플랑크톤, 새우, 새끼오징어, 해조류 등				

뚝지

'도치'라고도 합니다. 한국, 일본, 캐나다 등 북태평양에 분포합니다. 한대성 어류지요. 주로 수심 100~200미터 깊이의 바다에 서식하는데, 배지느러미가 변형된 흡반을 이용해 바위에 몸을 붙일 수 있습니다. 뚝지의 몸길이는 24~35센티미터입니다. 몸무게는 1킬로그램 정도까지 나가지요. 몸의 형태는 부풀린 풍선처럼 보이는데, 뒷지느러미가 시작되는 지점부터는 여느 물고기와 비슷한 모습입니다. 아울러 눈이 작고 주둥이가 짧으며, 아래턱이 위턱보다 약간 튀어나왔지요. 위아래 턱에는 작지만 날카로운 이빨이 나 있고요. 또한 첫 번째 등지느러미가 피부에 파묻혀 겉으로 드러나지 않는 것도 개성적입니다. 흡반으로 변한 배지느러미 말고 다른 지느러미들은 적당한 크기에 둥그스름한 모습이지요. 몸 색깔은 등 부분이 회갈색 바탕에 검은 점이 불규칙하게 흩어져 있고, 배 쪽은 흑회색을 띱니다. 뚝지의 주요 먹이는 동물성 플랑크톤, 해파리, 새우, 작은 연체동물 등입니다. 산란기는 12~2월이며, 한 마리의 암컷이 한 번에 약 5~6만 개의 알을 낳습니다.

분류	동물계 〉 척삭동물문 〉 경골어강 〉 도치과	사는곳	북태평양	크기	몸길이 24~35센티미터
먹이	동물성 플랑크톤, 해파리, 새우, 작은 연체동물 등				

멸치

정어리의 일종입니다. 대서양, 태평양, 인도양에 폭넓게 분포하지요. 물론 우리나라 연안에도 서식하는데, 여러 바닷물고기 가운데 개체 수가 아주 많은 편입니다. 멸치는 몸길이 10~16센티미터까지 성장합니다. 몸은 옆으로 납작한 형태이며, 입이 크고 위아래 턱에 미세한 이빨이 있지요. 또한 1개의 등지느러미가 몸 중앙에 위치하고, 가슴지느러미는 배 쪽에 가깝게 있습니다. 몸에는 비늘이 덮여 있는데, 약간의 자극에도 쉽게 벗겨지지요. 몸 색깔은 등 부분이 푸른 회색이며, 배 쪽은 은백색을 띱니다. 멸치는 바다 먹이 사슬에서 거의 최하층에 속합니다. 많은 해양 동물의 먹잇감으로 이용되지요. 그래서 멸치는 평소 엄청난 수의 개체가 커다랗게 군집을 이루어 생활하며 천적에 대항합니다. 멸치의 주요 먹이는 동물성 플랑크톤이지요. 더불어 작은 새우나 연체동물의 새끼 등을 잡아먹기도 합니다. 멸치는 특별한 시기 없이 1년 내내 번식합니다. 암컷은 한 번에 1만 개 안팎의 알을 낳지요. 멸치의 알은 수면에 떠다니다가 부화하며, 평균 수명은 1~2년 정도입니다.

분류 동물계 〉 척삭동물문 〉 경골어강 〉 멸치과   **사는곳** 대서양, 태평양, 인도양   **크기** 몸길이 10~16센티미터

먹이 동물성 플랑크톤, 작은 새우, 연체동물의 새끼 등

민어

한국, 중국, 일본 등 북서태평양의 따뜻한 바다에 분포합니다. 주로 수심 100미터가 안 되는 연안에 서식하지요. 바다 바닥이 진흙인 곳을 좋아합니다. 민어는 몸이 길고 옆으로 납작한 모습입니다. 부레에는 여러 갈래의 돌기가 있는데, 그것이 젤라틴을 함유하고 있어 사람들이 풀처럼 이용하기도 했습니다. 몸 전체는 비늘로 덮여 있으며, 눈이 크고, 2개의 등지느러미가 거의 붙어 있지요. 또한 위아래 턱에는 모두 송곳니가 발달해 날카로운 인상입니다. 특히 아래턱에는 4개의 구멍이 나 있어 눈길을 끌지요. 민어 성체의 몸길이는 60~100센티미터입니다. 몸 색깔은 등 부분이 어두운 흑갈색이고, 배 부분은 밝은 회백색을 띠지요. 주요 먹이는 새우, 게, 꼴뚜기, 작은 물고기 등입니다. 산란기는 9~10월인데, 암컷 한 마리가 통틀어 100만 개에 달하는 알을 낳는다고 하지요. 평균 수명이 10~13년 정도로, 3년쯤 자라면 번식을 시작합니다.

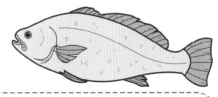

분류	동물계 〉 척삭동물문 〉 경골어강 〉 민어과	사는곳	북서태평양	크기	몸길이 60~100센티미터
먹이	새우, 게, 꼴뚜기, 작은 물고기 등				

44

벵에돔

한국, 일본, 대만 등 북서태평양에 분포합니다. 주로 자갈과 바위, 해초가 무성한 연안에 서식하지요. 그와 같은 환경을 좋아하는 까닭은 주요 먹이로 해조류를 비롯해 동물성 플랑크톤, 새우, 갯지렁이 등을 먹기 때문입니다. 이빨 끝이 세 갈래로 갈라져 있어 바위 등에 붙은 해조류를 긁어 먹기에 안성맞춤이지요. 벵에돔은 몸길이 50~60센티미터까지 성장합니다. 몸은 납작한 타원형이고, 주둥이가 짧지요. 또한 눈이 동그랗고 입이 작으며, 길게 이어진 1개의 등지느러미를 가졌습니다. 가슴지느러미는 배지느러미와 가깝게 위치하고, 뒷지느러미도 제법 발달했지요. 몸에는 각각 검은 점이 있는 큰 비늘이 덮여 있고요. 몸 색깔은 전체적으로 어두운 흑갈색인데, 배 부분은 농도가 옅어져 은백색을 띱니다. 벵에돔의 산란기는 2~6월입니다. 번식기에 여러 번으로 나누어 알을 낳는 바닷물고기가 적지 않은데 비해 벵에돔은 한 번에 산란을 마치지요.

분류	동물계 〉 척삭동물문 〉 경골어강 〉 황줄감정이과	사는곳	북서태평양	크기	몸길이 50~60센티미터
먹이	해조류, 동물성 플랑크톤, 새우, 갯지렁이 등				

가시복

전 세계의 따뜻한 바다에 분포합니다. 수심 30~40미터 이하이면서 바위와 해조류가 많은 해역에 주로 서식하지요.

복어목에 속하는 물고기지만 독은 없습니다. 가시복은 몸길이 40~50센티미터까지 성장합니다. 몸이 짧고 굵으며, 자극을 받아 몸을 부풀리면 밤송이처럼 가시들이 일어서지요. 그 가시들은 길고 단단한데, 비늘이 변형된 것입니다. 가시복은 눈이 크고, 주둥이가 짧으며, 1개의 등지느러미가 몸 뒤쪽에 위치합니다. 등지느러미의 맞은편에는 뒷지느러미가 자리잡고 있지요. 또한 위아래 턱에는 각각 1개씩 커다란 앞니가 튀어나와 있습니다. 몸 색깔은 등 쪽이 짙은 황갈색이고, 배 부분은 흰색에 가깝지요. 거기에 등과 옆구리를 중심으로 검은색 반점들이 흩어져 있습니다. 가시복이 몸을 부풀리는 방법은 물이나 공기를 듬뿍 들이마시는 것입니다. 먹이로는 성게, 게, 오징어, 꼴뚜기, 새우 등을 즐겨 잡아먹지요. 산란기는 4~8월입니다.

분류	동물계 〉 척삭동물문 〉 경골어강 〉 가시복과	사는곳	전 세계 온대 및 열대 해역	크기	몸길이 40~50센티미터
먹이	성게, 게, 오징어, 꼴뚜기, 새우 등				

거북복

한국, 일본, 대만, 필리핀, 인도네시아 해역을 비롯해 남아프리카 연안에 분포합니다. 주로 바위와 산호초가 많은 곳을 좋아하는데, 단독 생활을 하거나 2~3마리가 무리지어 다니지요. 가시복과 달리 피부에 독이 있어 다른 물고기의 접근을 쉽게 허락하지 않습니다. 거북복은 몸길이 25~45센티미터까지 성장합니다. 몸이 통통하고 둥글며, 육각형의 골판으로 변형된 비늘이 온몸을 덮고 있지요. 여기서 골판이란, 동물의 뼈와 같은 성질이라는 의미입니다. 또한 주둥이가 튀어나와 있고, 입이 매우 작으며, 배지느러미가 없지요. 1개의 등지느러미와 뒷지느러미는 몸의 뒤쪽에 위치합니다. 몸 색깔은 전체적으로 황갈색을 띠며, 각 비늘마다 자신의 눈동자 크기만 한 흑청색 점이 있지요. 거북복의 독은 피부에서 나오는 점액에 섞여 있습니다. 그것은 옆에 있는 물고기를 죽일 만큼 독성이 세지요. 주요 먹이는 새우, 게, 성게, 조개, 연체동물 등입니다.

산란기는 4~8월로, 그 시기에 독이 가장 강하다고 합니다.

분류	동물계 〉 척삭동물문 〉 경골어강 〉 거북복과	사는곳	한국, 일본, 대만, 필리핀, 인도네시아, 남아프리카 등
크기	몸길이 25~45센티미터	식성	새우, 게, 성게, 조개, 연체동물 등

까나리

한국, 일본, 알래스카, 시베리아 남쪽 등에 분포합니다. 육지와 가까운 연안의 모래 바닥에서 무리지어 서식하지요. 주행성 물고기로, 수온이 올라가는 5~6월부터 여름잠을 자는 독특한 습성이 있습니다. 보통 겨울잠을 자는 동물들이 그렇듯, 까나리도 여름잠에 들기 전에 먹이를 잔뜩 먹어 몸속에 지방을 쌓아두지요. 까나리는 몸길이가 15~25센티미터입니다. 얼핏 미꾸라지처럼 보이는데, 그보다 원통형의 몸이 조금 더 굵지요. 온몸에는 작고 둥근 형태의 비늘이 덮여 있습니다. 또한 주둥이가 뾰족하고, 등지느러미가 등 전체에 길게 이어진 것도 빼놓을 수 없는 특징이지요. 몸 색깔은 등 부분이 청회색을 띠고, 배 쪽은 은백색입니다. 까나리의 주요 먹이는 동물성 플랑크톤입니다. 산란기는 겨울부터 초봄까지로, 한 마리의 암컷이 수천 개의 알을 모래 바닥에 낳지요. 예로부터 우리나라에서는 까나리로 액젓을 만들어 김치를 담글 때 이용해왔습니다.

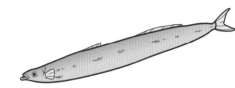

분류	동물계 〉 척삭동물문 〉 경골어강 〉 까나리과	사는곳	한국, 일본, 알래스카, 시베리아 남쪽 등
크기	몸길이 15~25센티미터	식성	동물성 플랑크톤 등

나비고기

태평양과 인도양을 중심으로 전 세계의 따뜻한 바다에 분포합니다. 주로 수심이 깊지 않은 연안에서 바위와 산호초가 많은 곳에 서식하지요. 몸 색깔이 전체적으로 노란색인데다가, 커다란 가슴지느러미를 펼치면 마치 나비처럼 보여 지금의 이름을 갖게 됐습니다. 나비고기는 몸길이가 17~25센티미터입니다. 달걀 모양의 둥근 몸이 납작한 형태이며, 머리가 작고 주둥이가 뾰족하지요. 특히 머리 부분에 눈을 가로지르는 검은색 세로띠가 있는 것이 눈길을 끕니다. 바로 옆에는 하얀색 무늬도 보이지요. 그 밖에 잘 발달된 등지느러미와 뒷지느러미의 가장자리에도 검은색이 깃들어 있습니다. 나비고기는 주행성 물고기입니다. 대개 낮에 먹이 활동을 하고, 밤에는 산호초에 몸을 숨기지요. 주요 먹이는 동물성 플랑크톤과 해조류 등입니다. 종에 따라서는 몸의 뒷부분 지느러미 쪽에 눈처럼 보이는 검은 점을 갖고 있기도 합니다.

분류	동물계 〉 척삭동물문 〉 경골어강 〉 나비고기과	사는곳	태평양과 인도양을 중심으로 한 따뜻한 바다
크기	몸길이 17~25센티미터	식성	동물성 플랑크톤, 해조류 등

능성어

한국, 일본, 중국 등 북서태평양과 인도양에 분포합니다. 수심 100미터 안팎의 연안에 서식하지요. 특히 바위와 해조류가 많은 지역을 좋아합니다. 능성어는 대부분 몸길이 80~110센티미터까지 성장합니다. 옆으로 납작한 타원형 몸을 가졌으며, 머리와 입이 큰 편이지요. 아래턱이 위턱보다 튀어나온 모습이고, 입 안에는 송곳니 모양의 날카로운 이빨이 나 있습니다. 또한 기다란 형태의 등지느러미 앞부분에는 단단한 가시가 있으며, 다른 지느러미들도 모두 눈에 띌 만큼 발달했지요. 몸 색깔은 전체적으로 붉은빛이 도는 회갈색을 띠는데, 배 부분은 농도가 옅습니다. 무엇보다 몸에 나 있는 7줄의 진한 갈색 무늬가 개성적이지요. 능성어의 주요 먹이는 작은 물고기와 오징어, 새우, 게 등입니다. 산란기는 5월부터 9월 무렵까지 길게 이어지지요. 능성어는 생태 환경에 따라 자연스럽게 성별이 바뀌는 바닷물고기로 알려져 있습니다.

분류	동물계 〉 척삭동물문 〉 경골어강 〉 바리과	사는곳	북서태평양, 인도양	크기	몸길이 80~110센티미터
먹이	작은 물고기, 오징어, 새우, 게 등				

독가시치

태평양과 인도양에 분포하는 바닷물고기입니다. 주로 바위와 해조류가 많은 지역에 서식하지요. 등지느러미와 배지느러미에 독이 있는 가시를 가져 지금의 이름으로 불리게 됐습니다. 사람도 이 가시에 찔리면 꽤 통증을 느낀다고 하지요. 독가시치는 위아래로 폭이 넓은 타원형 몸이 옆으로 납작하게 눌린 모습입니다. 입이 작고, 꼬리자루가 가늘며, 온몸이 작고 둥근 비늘에 덮여 있지요. 몸길이는 40센티미터 안팎까지 성장합니다. 몸 색깔은 전체적으로 황갈색이나 녹갈색이며, 자잘한 흰색 반점이 흩어져 있지요. 몸 색깔은 배 쪽으로 갈수록 옅어져 희고 노르스름한 빛을 띠게 됩니다. 독가시치는 대부분 낮에 활동하면서 동물성 플랑크톤과 해조류를 주요 먹이로 삼습니다. 그래서 바위와 해조류가 많은 지역에 무리지어 서식하는 것이지요. 수온이 따뜻한 곳을 좋아하는 습성 탓에 산란기는 7~8월입니다. 우리나라 제주도에서는 '따치'라고 부르기도 합니다.

분류	동물계 〉 척삭동물문 〉 경골어강 〉 독가시치과	사는곳	태평양, 인도양	크기	몸길이 40센티미터 안팎
먹이	동물성 플랑크톤, 해조류 등				

말뚝망둥어

한국, 일본, 중국, 오스트레일리아, 인도, 미국 등의 연안에 분포합니다. 바닷물과 민물이 만나 염분이 적은 강 하구나 개펄에 주로 서식하지요. 주행성 물고기로, 간조 때가 되면 가슴지느러미와 꼬리지느러미를 이용해 활발히 움직이는 모습을 볼 수 있습니다.

말뚝망둥어는 몸길이 10센티미터 안팎까지 성장합니다. 원통형의 머리가 크고, 가슴지느러미부터 몸이 옆으로 약간 눌린 모습이지요. 또한 눈이 머리 위로 튀어나와 있으며, 주둥이가 아주 짧고, 위턱이 아래턱보다 약간 긴 형태입니다. 수컷은 뒷지느러미 앞에 눈에 띄는 생식기관이 있어 암컷과 구별되지요. 그 밖에 크기가 비슷한 2개의 등지느러미를 가졌고, 꼬리지느러미는 끝부분이 둥그렇습니다. 말뚝망둥어의 몸 색깔은 전체적으로 흑갈색을 띕니다. 그리고 등과 옆구리에 검은 반점이 흩어져 있지요. 말뚝망둥어의 주요 먹이는 새우, 게, 조개, 갯지렁이 등입니다. 이따금 낮게 날아다니는 곤충을 낚아채 잡아먹기도 하지요.

산란기는 6~7월입니다.

분류	동물계 〉 척삭동물문 〉 경골어강 〉 망둑어과	사는곳	한국, 일본, 중국, 오스트레일리아, 인도, 미국 등
크기	몸길이 10센티미터 안팎	식성	새우, 게, 조개, 갯지렁이 등

명태

주로 수온 1~10도의 바다에 사는 한류성 물고기입니다. 우리나라를 비롯해 일본, 오호츠크해, 베링해, 알래스카 등에 분포하지요. 성체보다 어린 개체가 더 차가운 물에서 서식하며, 산란도 수온이 1~5도인 곳에서 이루어집니다. 명태는 몸길이 30~80센티미터 정도입니다. 옆으로 약간 눌린 기다란 체형에 큰 입을 갖고 있지요. 또한 아래턱이 위턱보다 튀어나왔고, 주둥이 아래쪽에는 매우 작아 흔적만 남은 듯한 1개의 수염이 있습니다. 그 밖에 눈이 크고, 등지느러미가 3개인 점도 눈에 띄지요. 뒷지느러미는 2개이고요. 몸 색깔은 등 부분이 푸른빛이 도는 갈색이고, 배 부분은 은백색입니다. 머리 뒤쪽에서 꼬리까지 길게 뻗어 있는 3줄 가량의 어두운 갈색 줄무늬도 개성적인 모습이지요. 명태는 무리지어 서식하며 작은 물고기와 새우 등을 즐겨 잡아먹습니다. 산란기는 12~4월로, 한 마리의 암컷이 수십만 개의 알을 낳지요. 평균 수명은 11~15년으로 알려져 있습니다. 참고로, 명태의 어린 개체를 '노가리'라고 합니다.

분류	동물계 〉 척삭동물문 〉 경골어강 〉 대구과	사는곳	한국, 일본, 오호츠크해, 베링해, 알래스카 등
크기	몸길이 30~80센티미터	식성	작은 물고기, 새우 등

방어

한국, 일본, 대만, 중국 등 북서태평양에 분포합니다. 주로 연안에 서식하는 온대성 어류로, 난류를 따라 이동하는 습성이 있지요. 일부에서 '부시리'라고 부르기도 하는데, 그것은 방어와 전혀 다른 어종입니다. 방어는 성체의 몸길이가 80~110센티미터에 달하는 제법 커다란 바닷물고기입니다. 방추형 몸에 옆으로 약간 눌린 듯한 모습이지요. 머리와 눈이 크고요. 또한 2개의 등지느러미를 가졌는데, 첫 번째 것은 짧고 두 번째 것은 기다랗습니다. 가슴지느러미와 배지느러미도 몸집에 비해 작은 편이지요. 온몸에는 작고 둥근 비늘이 덮여 있습니다. 몸 색깔은 등 부분이 청색을 띠고, 배 부분은 은백색이지요. 몸 가운데에 누르스름한 세로띠가 희미하게 보이는 것도 눈여겨볼 만한 특징입니다. 방어의 주요 먹이는 전갱이, 꽁치, 멸치, 정어리, 오징어 등입니다.

산란기는 2~6월이지요. 평균 수명은 8년 안팎으로 알려져 있습니다.

참고로, 방어의 어린 개체를 '마래미'라고 합니다.

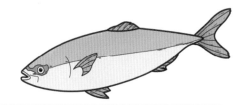

분류	동물계 〉 척삭동물문 〉 경골어강 〉 전갱이과	사는곳	한국, 일본, 대만, 중국 등 북서태평양
크기	몸길이 80~110센티미터	식성	전갱이, 꽁치, 멸치, 정어리, 오징어 등

병어

우리나라를 비롯한 북서태평양과 인도양에 분포합니다. 주로 수심 100미터가 넘지 않는 연안에 서식하지요. 바다 바닥이 진흙으로 된 곳을 좋아합니다. 병어는 무리지어 생활하면서 계절에 따라 서식지를 옮겨 다닙니다. 몸길이 50~60센티미터인데, 그에 비해 몸의 위아래 폭이 상당히 넓지요. 전체적인 몸의 형태가 납작하고 둥그스름한 마름모꼴이라고 할 수 있습니다. 또한 주둥이가 짧고, 입 안에 작은 이빨이 가지런히 나 있으며, 배지느러미가 없는 것도 특징입니다. 몸 색깔은 온몸이 푸른빛이 도는 은백색을 띠지요. 얼핏 금속처럼 반짝거리기도 합니다. 병어의 주요 먹이는 새우, 갯지렁이, 동물성 플랑크톤 등입니다. 산란기는 5~8월이지요. 병어는 비린내가 적고 뼈와 살이 연해 예로부터 다양한 음식 재료로 이용되어 왔습니다.

분류	동물계 〉 척삭동물문 〉 경골어강 〉 병어과	사는곳	북서태평양, 인도양	크기	몸길이 50~60센티미터
먹이	새우, 갯지렁이, 동물성 플랑크톤 등				

갈치

'칼치', '도어'라고도 합니다. 우리나라 일부 지역에서는 어린 갈치를 '풀치'라고도 부르지요. 갈치는 전 세계의 따뜻한 바다에 널리 분포합니다. 주로 바닥에 모래와 진흙이 깔린 수심 50~300미터의 바다에 서식하지요. 갈치의 성체는 몸길이가 50~150 센티미터까지 다양합니다. 몸이 허리띠처럼 길고 옆으로 납작하게 눌린 형태지요. 입이 크고 아래턱이 튀어나왔으며, 압 안에 날카로운 이빨이 발달해 있습니다. 또한 기다란 등지느러미와 달리 배지느러미와 꼬리지느러미가 없고, 뒷지느러미도 눈에 잘 보이지 않지요. 몸 색깔은 전체적으로 광택이 나는 은백색이고요. 갈치는 평상시 물속에서 머리를 위로 세운 채 헤엄을 치는 특징이 있습니다. 그러다가 다급한 상황이 닥치면 여느 물고기처럼 머리를 앞으로 해 W 모양으로 물살을 가르지요. 갈치의 주요 먹이는 동물성 플랑크톤과 새우, 전어, 정어리, 오징어 등입니다. 산란기는 4~8월이지요.

한 마리의 암컷이 약 10만 개의 알을 낳는 것으로 알려져 있습니다.

분류	동물계 〉 척삭동물문 〉 경골어강 〉 갈치과	사는곳	전 세계 온대 및 열대 바다	크기	몸길이 50~150센티미터
먹이	동물성 플랑크톤, 새우, 전어, 정어리, 오징어 등				

고등어

태평양, 인도양, 대서양의 따뜻한 해역에 널리 분포합니다. 주로 수심 300미터 안팎의 바다에 서식하면서 계절에 따라 좀 더 알맞은 수온을 찾아 이동하지요. 대개 10~20도의 수온을 가장 좋아하는 것으로 알려져 있습니다. 고등어 성체는 몸길이가 25~40센티미터 정도입니다. 방추형 몸에, 주둥이가 날렵하고 눈이 크지요. 2개의 등지느러미는 간격이 넓고, 두 번째 등지느러미와 뒷지느러미가 대칭을 이룹니다. 특히 꼬리자루가 잘록하고, 두 갈래로 갈라진 꼬리지느러미가 발달했지요. 몸 색깔은 등 부분의 경우 청록색 바탕에 검은빛 물결무늬가 있고, 배 부분은 은백색을 띱니다. 물결무늬는 옆구리까지 나타나 있지요. 고등의 주요 먹이는 정어리, 전갱이, 멸치, 새우, 갯가재, 갯지렁이 등입니다. 치어 때는 동물성 플랑크톤을 먹고 성장하지요. 보통 무리지어 생활하다가 5~7월에 산란기를 맞이하는데, 이 기간에 암컷 한 마리가 10만 개가 넘는 알을 낳는다고 합니다. 새끼는 부화한 후 2년 정도 지나면 완전한 성체가 되지요.

분류 동물계 〉 척삭동물문 〉 경골어강 〉 고등어과	**사는곳** 태평양, 인도양, 대서양	**크기** 몸길이 25~40센티미터	
먹이 정어리, 전갱이, 멸치, 새우, 갯가재, 갯지렁이 등			

까치복

한국, 중국, 대만, 일본 등 북서태평양에 분포합니다. 바위가 많은 연안에 주로 서식하지요. 난소와 간에 매우 강한 독이 있어 주의가 필요합니다. 까치복은 몸길이 60센티미터 안팎까지 자라납니다. 몸은 원통형이면서, 몸의 앞부분이 뒷부분에 비해 두툼하지요. 주둥이가 둥그렇고, 입은 작지만 매우 억센 이빨이 나 있습니다. 또한 비늘이 없는 대신 피부에 작고 단단한 가시가 덮여 있지요. 1개인 등지느러미와 뒷지느러미는 서로 대칭을 이루는 위치에 자리합니다. 아울러 몸 색깔은 등 쪽이 짙은 청색을 띠고, 배 부분은 흰색이지요. 등에는 몸을 가로지르는 2~4줄의 은백색 줄무늬가 있습니다. 그리고 각각의 지느러미는 대부분 누런색이지요. 까치복의 주요 먹이는 작은 물고기와 새우, 게, 조개, 오징어 등입니다. 산란기는 대개 2~5월인데, 특이하게도 바닷물과 민물이 섞이는 큰 강의 하구 등에 알을 낳습니다. 까치복은 헤엄을 잘 쳐 평소에도 활동 반경이 넓은 것으로 유명하지요.

분류	동물계 〉 척삭동물문 〉 경골어강 〉 참복과	사는곳	북서태평양	크기	몸길이 60센티미터 안팎
먹이	작은 물고기, 새우, 게, 조개, 오징어 등				

날치

한국, 일본, 대만을 비롯한 세계 곳곳의 따뜻한 바다에 분포합니다. 보통 수심 30미터를 넘지 않은 얕은 해역에 서식하지요. 우리나라 남해안의 경우 매년 봄마다 수만 마리의 날치 떼가 난류를 타고 몰려오기도 합니다. 날치는 방추형 몸에, 몸길이가 25~40센티미터입니다. 주둥이가 짧고 입이 작으며, 눈은 큰 편이지요. 날치의 특징이라면 뭐니 뭐니 해도 매우 커다란 가슴지느러미입니다. 그 끝이 등지느러미보다 더 뒤까지 이어질 정도지요. 그것은 마치 날개 같은 역할을 해, 이 물고기가 수면 위를 날아오르듯 점프하게 합니다. 큰 지느러미를 활짝 펴서 미끄러지듯 앞으로 나아가는 것이지요. 그 거리는 10미터 안팎인데, 잠시나마 비행을 한다고 해도 틀리지 않습니다. 지금의 이름도 그런 모습에서 비롯되었지요. 날치의 몸 색깔은 등 부분이 어두운 청색을 띠고, 배 부분은 흰색에 가깝습니다. 주요 먹이는 동물성 플랑크톤과 새우, 게, 갯가재 등이지요. 산란기는 5~7월로, 한 마리의 암컷이 1만 개 안팎의 알을 낳습니다. 산란을 마친 암컷은 죽는 것으로 알려져 있지요.

| 분류 | 동물계 〉 척삭동물문 〉 경골어강 〉 날치과 | 사는곳 | 한국, 일본, 대만 등의 따뜻한 바다 | 크기 | 몸길이 25~40센티미터 |
| 먹이 | 동물성 플랑크톤, 새우, 게, 갯가재 등 | | | | |

달고기

북서태평양과 인도양에 분포합니다. 주로 수심 60~70미터 정도에, 바닥이 모래나 진흙으로 이루어진 곳에 서식하지요. 평소에는 무리를 짓기보다 단독 생활을 합니다. 달고기는 몸길이가 50~90센티미터입니다. 좌우에 비해 위아래 폭이 넓은 타원형 몸에, 커다란 입을 가졌지요. 달고기는 먹잇감 곁으로 조심스럽게 접근한 다음 큰 입을 재빨리 돌출시켜 순식간에 빨아들이는 방식으로 먹이 활동을 합니다. 몸에는 작고 둥근 비늘이 덮여 있고, 등지느러미에는 기다란 가시가 있지요. 달고기의 몸 색깔은 전체적으로 어두운 회색이며, 몸을 가로질러 불규칙한 모양의 짙은 갈색 띠가 보입니다. 그 가운데에 커다랗게 둥글고 검은 반점이 있지요. 거기에는 흰색에 가까운 테두리가 둘러져 있습니다. 달고기의 주요 먹이는 작은 물고기와 오징어, 새우, 게 등입니다. 산란기는 4~6월이지요. 평균 수명은 10년이 훌쩍 넘는 것으로 알려져 있습니다.

분류	동물계 〉 척삭동물문 〉 경골어강 〉 달고기과	사는곳	북서태평양, 인도양	크기	몸길이 50~90센티미터
먹이	작은 물고기, 오징어, 새우, 게 등				

돌돔

한국, 일본, 중국, 하와이 등의 해역에 분포합니다. 육지와 가까운 연안에 서식하는 대표적인 어종이지요. '청돔', '줄돔'이라고도 합니다. 돌돔의 성체는 대개 30~50센티미터까지 성장합니다. 위아래 폭이 넓은 타원형 몸이 옆으로 납작하게 눌린 모습이지요. 무엇보다 눈에 띄는 특징은 몸을 가로지르는 7줄의 선명한 검은색 세로띠를 손꼽을 수 있습니다. 그것은 어릴 적부터 나타나는데, 암컷의 경우 성체가 되어도 형태를 계속 유지하지요. 그에 비해 수컷은 자랄수록 점점 희미해져 몸 전체가 푸른색이 도는 잿빛을 띠게 됩니다. 그런데 돌돔은 생활환경에 따라 몸 색깔이 달라지는 특성도 있기 때문에 개체별로 다른 색깔을 내보이기도 하지요. 그 밖에 돌돔은 주둥이가 검고, 빗살 모양의 작은 비늘이 온몸을 덮고 있습니다. 또한 이빨이 단단해 소라, 고둥, 성게, 조개 등을 먹이로 삼을 수 있지요. 해조류도 잘 먹고요. 산란기는 4~7월입니다. 돌돔은 수온이 20도 이상 올라가면 활동량이 더 많아집니다.

분류	동물계 〉 척삭동물문 〉 경골어강 〉 돌돔과	사는곳	한국, 일본, 중국, 하와이 등	크기	몸길이 30~50센티미터
먹이	소라, 고둥, 성게, 조개, 해조류 등				

말쥐치

인도양과 서태평양의 따뜻한 바다에 분포합니다. 주로 바위가 많은 수심 70~100미터 바다에 서식하지요. 우리나라에서 간식거리로 팔리는 쥐포가 바로 이 물고기의 껍질을 벗긴 뒤 포를 떠서 말린 것입니다. 말쥐치는 몸길이 24~35센티미터까지 성장합니다. 옆으로 납작한 긴 타원형 몸을 가졌으며, 머리가 크고 눈은 작은 편이지요. 또한 주둥이가 튀어나와 있고 입이 작습니다. 등지느러미는 2개인데, 첫 번째 것이 단지 한 개의 가시로 되어 있는 점도 개성적인 모습입니다. 몸 색깔은 전체적으로 회갈색 바탕에 흑갈색 얼룩무늬가 있고, 지느러미들은 약간 푸른빛이 도는 회색이지요. 말쥐치의 주요 먹이는 동물성 플랑크톤, 새우, 해조류 등입니다. 산란기는 4~7월로, 수심 10미터가 채 안 되는 얕은 바다에 알을 낳습니다. 우리나라 일부 지역에서는 말쥐치를 '쥐고기', '객주리'라는 이름으로 부르기도 하지요.

분류	동물계 〉 척삭동물문 〉 경골어강 〉 쥐치과	사는곳	인도양, 서태평양	크기	몸길이 24~35센티미터
먹이	동물성 플랑크톤, 새우, 해조류 등				

보구치

한국, 일본, 중국, 대만 해역에 분포합니다. 수심 100미터가 넘지 않는 연안에 주로 서식하지요. 바다 바닥이 모래나 진흙으로 된 곳을 좋아합니다. 보구치는 성체의 몸길이가 30센티미터 안팎까지 자라납니다. 얼핏 참조기와 닮아 보이는데, 아가미뚜껑에 크고 검은 반점이 있어 구별되지요. 몸은 옆으로 납작한 형태이며, 첫 번째 등지느러미에 비해 두 번째 등지느러미가 기다랗습니다. 다른 지느러미들과 비교해 가슴지느러미가 긴 특징도 있지요. 몸 색깔은 등 부분이 옅은 갈색이고, 배 부분은 은백색을 띱니다. 비늘은 광택이 나듯 약간 반짝거리기도 하지요. 보구치는 주로 새우, 게, 갯가재, 작은 물고기, 오징어 등을 먹이로 삼습니다. 산란기는 5~8월이며, 평균 수명은 10년 정도지요. 우리나라 일부 지역에서는 '백조기', '흰조기'라는 이름으로 부르기도 합니다.

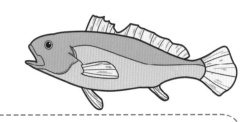

분류	동물계 〉 척삭동물문 〉 경골어강 〉 민어과	사는곳	한국, 일본, 중국, 대만 등	크기	몸길이 30센티미터 안팎
먹이	새우, 게, 갯가재, 작은 물고기, 오징어 등				

감성돔

한국, 일본, 대만 해역에 분포합니다. 수심 50미터가 넘지 않는 얕은 바다에 주로 서식하지요. 치어 때는 강 하구로 올라오기도 합니다. 감성돔은 몸 색깔이 전체적으로 회흑색을 띱니다. 도미과 어류 가운데 가장 어두운 몸 색깔이어서 옛날에는 '흑조'라고 부르기도 했지요. 오늘날에는 일부 지역에서 '감상어', '감성도미'라고도 합니다. 감성돔의 몸길이는 30~50센티미터입니다. 몸무게는 1.2~2킬로그램 정도지요. 타원형 몸에 가슴지느러미가 길고, 머리와 눈이 큰 편입니다. 등지느러미에는 날카로운 가시가 발달해 있고요. 옆구리에 가늘고 흐릿한 줄무늬가 여러 개 보이는 것도 개성적인 모습입니다. 감성돔의 주요 먹이는 갯지렁이, 성게, 조개 등입니다. 조개 같은 먹잇감은 단단한 이빨로 껍데기를 부순 뒤 살을 파먹지요. 산란기는 4~6월입니다. 성전환을 하는 물고기로, 어릴 적에는 대부분 수컷이었다가 4~5년생이 넘어가면서 상당수가 암컷으로 바뀌지요. 그러는 편이 생존과 번식에 유리하기 때문입니다.

분류	동물계 〉 척삭동물문 〉 경골어강 〉 도미과	사는곳	한국, 일본, 대만 등	크기	몸길이 30~50센티미터
먹이	갯지렁이, 성게, 조개 등				

넙치

'광어'라고도 합니다. 한국, 중국, 일본 해역에 분포하지요. 육지와 가까운 연안에서부터 수심 1천 미터 정도의 심해까지 서식 범위가 꽤 넓습니다. 얼핏 가자미와 비슷한 생김새인데, 두 눈이 왼쪽으로 몰려 있는 점이 다르지요. 가자미는 눈이 오른쪽으로 몰려 있습니다. 넙치는 몸길이 50~100센티미터까지 성장합니다. 바다 밑 환경에 적응하기 위해 몸이 납작하게 진화했지요. 앞서 눈이 한쪽으로 몰려 있다고 했는데, 어릴 적에는 그렇지 않습니다. 바다 밑바닥에서 생활하다 보니 자라날수록 눈이 점점 왼쪽으로 치우치고, 타원형 몸이 납작해지는 것이지요. 그 밖에 몸 양옆을 기다랗게 덮은 지느러미도 눈길을 끕니다. 몸 색깔은 눈이 위치한 등 부분의 경우 어두운 갈색이고, 배 쪽은 흰색을 띠지요. 양식으로 키우는 개체는 배 부분에 얼룩덜룩한 무늬가 생기기도 합니다. 넙치의 주요 먹이는 작은 물고기와 새우, 갯지렁이, 꼴뚜기, 주꾸미, 조개 등입니다. 산란기는 2~7월로, 진흙이나 모래바닥 또는 바위가 많은 곳에 알을 낳지요. 수온만 맞으면 알은 약 60시간 만에 부화합니다.

분류	동물계 〉 척삭동물문 〉 경골어강 〉 넙치과	사는곳	한국, 중국, 일본	크기	몸길이 50~100센티미터
먹이	작은 물고기, 새우, 갯지렁이, 꼴뚜기, 주꾸미, 조개 등				

대구

한국, 일본, 알래스카, 베링해 등에 분포합니다. 입이 커서 대구라는 이름이 붙었는데, 먹성이 대단한 바닷물고기로 알려져 있지요. 주요 먹이는 청어, 정어리, 전갱이, 꽁치 같은 어류를 비롯해 새우, 게, 조개, 오징어, 갯지렁이 등입니다. 조금 과장되게 말하면, 입에 들어가는 모든 것을 먹어치운다고 하지요. 대구 떼가 한번 지나가면 바다 생물의 수가 부쩍 줄어들 정도라고 합니다. 대구는 몸길이 40~100센티미터까지 성장합니다. 몸무게는 1.5~9킬로그램 정도고요. 대구는 몸 앞쪽이 뒤쪽보다 두툼하고, 뒤로 갈수록 점점 납작해지는 형태입니다. 눈과 입이 크고, 등지느러미가 3개로 구분되어 넓게 퍼져 있지요. 몸 색깔은 등 부분이 갈색, 회색, 붉은색을 띠고 배 쪽은 흰색에 가깝습니다. 아울러 등지느러미와 가슴지느러미에는 노란빛, 뒷지느러미에는 검은빛이 돌지요. 대구는 수온이 낮은 곳을 좋아하는 한류성 물고기입니다. 산란기는 12~2월이지요. 얼핏 명태와 닮은 모습인데, 대구의 경우 턱에 수염 한 가닥이 나 있어 쉽게 구별됩니다.

분류	동물계 〉 척삭동물문 〉 경골어강 〉 대구과	사는곳	한국, 일본, 알래스카, 베링해 등	크기	몸길이 40~100센티미터
먹이	정어리, 전갱이, 꽁치, 새우, 게, 오징어, 갯지렁이 등				

동갈돗돔

한국, 중국, 일본, 대만 등 북서태평양 해역에 분포합니다. 강물과 바닷물이 섞이는 수심 30미터 이내의 연안에 주로 서식하지요. 동갈돗돔은 몸길이 30센티미터 안팎까지 성장합니다. 몸이 옆으로 납작하며, 머리와 등 부분이 심하게 경사진 형태지요. 또한 몸에는 빗비늘이 덮여 있고, 2줄의 넓은 흑갈색 무늬가 머리와 등을 지나 꼬리 쪽으로 이어진 모습입니다. 등지느러미와 뒷지느러미에는 가시가 있어 억센 느낌을 갖게 하지요. 아래턱 앞쪽에 빽빽하게 나 있는 수염 모양의 돌기도 눈길을 끕니다. 몸 색깔은 전체적으로 갈색을 띠면서 등지느러미에는 연한 황색, 배지느러미와 뒷지느러미에는 검은색이 나타나지요. 동갈돗돔은 새우, 게, 갯가재, 작은 물고기 등을 즐겨 잡아먹습니다. 특히 갑각류를 좋아해 전체 먹이 중 약 80퍼센트를 차지하지요. 산란기는 5~6월입니다.

분류	동물계 〉 척삭동물문 〉 경골어강 〉 하스돔과	사는곳	북서태평양	크기	몸길이 30센티미터 안팎
먹이	새우, 게, 갯가재, 작은 물고기 등				

망상어

한국, 일본, 중국의 일부 해역에 분포합니다. 주로 수심 30미터 정도의 연안에 서식하는데, 바다 바닥이 모래나 진흙으로 이루어진 곳을 좋아하지요. 방파제가 설치되어 있거나 바위가 많은 지역에도 자주 모습을 드러냅니다. 망상어는 몸길이 15~25센티미터까지 성장합니다. 옆으로 납작한 타원형 몸에 머리와 입이 작고, 아가미뚜껑 위에 검은색 반점이 있지요. 또한 눈에서 위턱 방향으로 2줄의 갈색선이 지나가며, 수컷의 경우 뒷지느러미가 길게 발달한 특징이 있습니다. 몸 색깔은 서식 환경에 따라 등 부분이 검푸른색을 띠거나 적갈색을 나타내지요. 배 쪽은 은백색에 가깝고요. 무엇보다 망상어는 여느 물고기와 달리 태생으로 번식하는 특징이 있습니다. 4~6월이 산란기인데, 암컷이 뱃속에서 부화한 새끼를 5~6개월이나 키워 세상으로 내보지요. 암컷 한 마리가 한배에 낳는 새끼의 수는 10~20마리입니다. 망상어의 주요 먹이는 동물성 플랑크톤을 비롯해 새우, 갯지렁이 등이지요.

분류	동물계 〉 척삭동물문 〉 경골어강 〉 망상어과	사는곳	한국, 일본, 중국	크기	몸길이 15~25센티미터
먹이	동물성 플랑크톤, 새우, 갯지렁이 등				

문절망둑

한국, 중국, 일본, 오스트레일리아, 미국 서부 해역 등에 분포합니다. 바닷물과 민물이 만나는 연안의 모래나 진흙 바닥에 주로 서식하지요. 문절망둑은 몸길이 20센티미터 안팎의 바닷물고기입니다. 원통형의 기다란 몸에, 위아래로 약간 납작한 형태의 큼지막한 머리를 가졌지요. 온몸에는 빗살 모양의 비늘이 덮였고, 몸 옆에 진한 갈색 무늬가 세로로 줄지어 있으며, 배지느러미가 변형된 흡반도 보입니다. 몸 색깔은 전체적으로 담갈색이나 회황색을 띠면서 어두운 반점이 흩어져 있지요. 문절망둑은 흡반이 있어 바다 바닥이나 바위 등에 몸을 붙여 생활하기 편리합니다. 주요 먹이는 갯지렁이, 조개, 게 등이지요. 가끔 해조류를 뜯어 먹기도 하고요.

산란기는 3~5월로, 알이 부화할 때까지 수컷이 곁을 지키는 습성이 있습니다. 우리나라에서는 지역에 따라 '문저리', '문절구', '꼬시래기' 등의 이름으로 부르기도 하지요.

분류	동물계 > 척삭동물문 > 경골어강 > 망둥어과	**사는곳**	한국, 중국, 일본, 오스트레일리아, 미국 서부 해역 등
크기	몸길이 20센티미터 안팎	**식성**	갯지렁이, 조개, 게, 해조류 등

뱅어

한국, 일본, 러시아 등에 분포합니다. 평소에는 육지와 가까운 연안에서 살다가 산란기가 되면 하천으로 이동하지요. 옛날에 우리 나라에서는 '백어'라고 했으며, 특별히 어린 뱅어를 가리켜 '실치'라고 부르기도 합니다. 뱅어는 성체의 몸길이가 10센티미터 정도에 불과한 작은 물고기입니다. 몸이 가늘고 옆으로 납작한 편이지요. 몸 색깔이 전체적으로 투명한 백색이라 검은 눈이 더 도드라져 보입니다. 대체로 암컷은 비늘이 없으나 수컷은 뒷지느러미 위에 16~18개의 비늘이 한 줄로 줄지어 있지요. 또한 배를 따라 작고 검은 점이 흩어져 있고요. 1개의 등지느러미는 몸 뒤쪽에 위치하며, 상대적으로 큰 뒷지느러미는 등지느러미의 중간 부분에서 시작합니다. 뱅어는 3~4월이 산란기로, 수심 2~3미터 정도의 물풀이 많은 하천 모래 바닥에 알을 낳습니다. 알은 일주일 안팎이면 부화하는데, 치어는 그곳에서 살다가 여름이 될 무렵 연안으로 서식지를 옮기지요. 주요 먹이는 동물성 플랑크톤입니다.

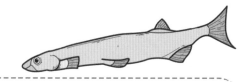

분류	동물계 〉 척삭동물문 〉 경골어강 〉 뱅어과	사는곳	한국, 일본, 러시아 등	크기	몸길이 10센티미터 이내
먹이	동물성 플랑크톤 등				

볼락

한국과 일본을 중심으로 북서태평양에 분포합니다. 주로 연안의 바위가 많은 해역에서 무리지어 서식하지요.

야행성 바닷물고기로, 밤이 되면 이따금 수면 가까이 올라와 머리를 위로 한 채 헤엄치는 신기한 장면을 연출하기도 합니다.

볼락은 몸길이 20~35센티미터까지 성장합니다. 옆으로 납작한 방추형 몸에 매우 커다란 눈을 가졌지요. 주둥이가 뾰족하고 입이

크며, 눈 앞쪽에는 작고 날카로운 가시가 2개 돌출되어 있습니다. 또한 2개의 등지느러미와 뒷지느러미에 억센 가시가 돋아 있고,

몸에는 얼룩무늬 같은 반점이 흩어져 있는 모습이지요. 몸 색깔은 서식지 환경에 따라 다릅니다. 수심이 얕은 곳에 사는 개체는

회갈색, 그보다 깊은 곳에 살면 적갈색을 띠지요. 바위가 많은 해역에 살면 검은빛을 보이기도 합니다. 볼락의 주요 먹이는 작은

물고기와 새우, 갯지렁이, 조개 등입니다. 특이하게 난태생으로 번식하는데, 11~12월에 짝짓기를

한 다음 한 달 정도 지나서 수천 마리의 새끼를 낳습니다.

분류	동물계 〉 척삭동물문 〉 경골어강 〉 양볼락과	사는곳	한국과 일본 등 북서태평양	크기	몸길이 20~35센티미터
먹이	작은 물고기, 새우, 갯지렁이, 조개 등				

삼세기

한국, 일본, 베링해, 오호츠크해 등에 분포합니다. 주로 수심 10~100미터이면서 바닥이 모래나 진흙으로 이루어진 해역에 서식하지요. 우리나라에서는 지역에 따라 삼숙이, 삼식이 등으로 부르기도 합니다. 삼세기는 머리와 턱, 몸에 나뭇잎 모양의 돌기가 흩어져 있습니다. 등지느러미에도 가시가 삐죽삐죽 솟은 모습인데, 실제로는 별로 단단하지 않고 독성도 없지요. 또한 삼세기의 몸 앞부분은 원통형에 가깝고, 뒤로 갈수록 가늘어지면서 옆으로 납작한 형태입니다. 눈이 크고, 머리 윗부분에 강한 가시가 여러 개 돋은 것도 눈길을 끌지요. 몸에 커다랗고 짙은 갈색 얼룩무늬가 여러 개 보이는 것도 개성 있는 특징입니다. 몸 색깔은 전체적으로 연한 갈색이나 적갈색을 띠지요. 몸길이는 25~35센티미터입니다. 삼세기의 주요 먹이는 작은 물고기와 새우, 게 등입니다. 산란기는 11~3월로, 바위나 돌 따위에 4~5개의 알주머니를 낳지요. 그 속에 수천 개의 알이 들어 있습니다.

분류	동물계 〉 척삭동물문 〉 경골어강 〉 삼세기과	사는곳	한국, 일본, 베링해, 오호츠크해 등	크기	몸길이 25~35센티미터
먹이	작은 물고기, 새우, 게 등				

쏠배감펭

'사자고기'라고도 합니다. 서태평양과 인도양의 따뜻한 바다에 분포하지요. 주로 수심이 얕고 바닥이 바위로 이루어진 곳에 서식합니다. 요즘은 화려한 겉모습 때문에 관상용으로 키우기도 하지요. 쏠배감펭은 몸길이 30센티미터 안팎까지 성장합니다. 방추형 몸이 옆으로 약간 납작한 형태이며, 머리가 크고 꼭대기 쪽이 울퉁불퉁하지요. 입이 크고 위아래 턱에 융털 모양의 이빨이 있으며, 코와 눈 주위에는 가시들이 많습니다. 아래턱에는 혹처럼 생긴 돌기가 발달되어 있고요. 또한 가슴지느러미가 무척 길어 그 끝이 꼬리지느러미에 닿고, 등지느러미의 가시 길이도 그에 못지않습니다. 등지느러미 가시에는 독성도 있지요. 쏠배감펭의 몸 색깔은 연한 붉은색입니다. 몸에는 흑갈색 띠가 여러 개 있고, 가슴지느러미와 배지느러미 등에도 흑갈색 반점이 많이 보이지요. 쏠배감펭의 주요 먹이는 작은 물고기와 새우, 게 등입니다. 산란기는 8월이며, 알주머니 형태로 알을 낳지요.

분류	동물계 〉 척삭동물문 〉 경골어강 〉 양볼락과	사는곳	서태평양, 인도양	크기	몸길이 30센티미터 안팎
먹이	작은 물고기, 새우, 게 등				

자리돔

우리나라를 비롯한 북서태평양의 따뜻한 바다에 분포합니다. 산호초와 바위가 많은 수심 10미터 안팎의 연안에 주로 서식하지요. 보통 무리를 지어 생활하는데, '돔'자가 들어간 물고기 중 크기가 가장 작다고 합니다. 자리돔은 몸길이 10~18센티미터까지 성장합니다. 몸 색깔은 등 부분이 어두운 회갈색이고, 배 쪽은 푸른빛이 도는 은색이지요. 자리돔의 몸은 타원형에 옆으로 납작하며, 입이 작고, 위아래 턱을 제외한 온몸이 큰 비늘로 덮여 있습니다. 또한 가슴지느러미에 삼각형의 검은색 점이 보이는 특징도 가졌지요. 자리돔의 주요 먹이는 동물성 플랑크톤입니다. 산란기는 5~8월로, 한 마리의 암컷이 한배에 약 2만 개에 달하는 알을 낳지요. 20도 안팎의 수온이 유지될 경우 알은 약 4일 만에 부화합니다. 암컷이 알을 바위나 해조류 등에 붙여놓는 방식으로 낳아 놓으면, 수컷이 부화할 때까지 곁을 지키지요.

분류	동물계 〉 척삭동물문 〉 경골어강 〉 자리돔과	사는곳	북서태평양의 온대 및 열대 해역	크기	몸길이 10~18센티미터
먹이	동물성 플랑크톤 등				

정어리

한국, 일본, 중국, 대만, 오호츠크해 등 서태평양을 중심으로 분포합니다. 보통 수십만 내지 수백만 마리가 일정한 방향과 속도로 떼를 지어 다니는 바람에 몸집이 커다란 물고기들의 주요 먹잇감이 되고는 하지요. 그래서 '바다의 식량'이라는 별명으로 불리기도 합니다. 정어리는 몸길이 20센티미터 안팎까지 성장합니다. 기다란 원통형 몸이 옆으로 납작한 모습이지요. 몸에는 커다랗고 둥근 비늘이 덮여 있습니다. 또한 눈은 기름눈꺼풀로 싸여 있고, 아래턱이 위턱보다 약간 튀어나와 있지요. 1개의 등지느러미가 몸 중앙에 위치하고, 그와 마주보는 지점에 배지느러미가 있습니다. 몸 색깔은 등 부분이 어두운 청색을 띠며, 배 쪽은 은백색입니다. 몸통을 가로질러 7개 안팎의 둥글고 검은 반점이 나열되어 있는 것도 눈에 띄는 특징이지요. 정어리의 주요 먹이는 동물성 플랑크톤, 규조류, 새우, 오징어 새끼 등입니다. 우리나라 해역에서는 주로 2~4월에 산란합니다.

분류 동물계 〉 척삭동물문 〉 경골어강 〉 청어과   **사는곳** 한국, 일본, 중국, 대만, 오호츠크해 등   **크기** 몸길이 20센티미터 안팎

먹이 동물성 플랑크톤, 규조류, 새우, 오징어 새끼 등

쥐노래미

우리나라를 비롯한 북서태평양의 따뜻한 바다에 분포합니다. 바다 바닥이 모래와 진흙으로 이루어지거나 바위가 많은 곳에 주로 서식하지요. 평소 움직임이 별로 없는 바닷물고기로 알려져 있습니다. 쥐노래미는 몸길이 30~40센티미터까지 성장합니다. 몸높이가 낮고 옆으로 납작해 얼핏 노래미와 닮아 보이지요. 두 물고기의 차이라면, 쥐노래미의 몸이 약간 더 길고 배 부분이 하얗다는 점 정도입니다. 쥐노래미는 몸에 작은 빗비늘이 덮여 있습니다. 또한 등 쪽에 3줄, 배 쪽에 2줄의 옆줄을 가지고 있는 것도 개성적인 모습이지요. 여느 물고기와 달리 부레가 없다는 특징도 있고요. 쥐노래미의 몸 색깔은 서식 장소에 조금씩 다릅니다. 대개는 연한 황갈색 바탕에 짙은 갈색 무늬가 흩어져 있는데, 적갈색이나 흑갈색 등 다양한 색깔을 내보이기도 하지요. 주요 먹이는 작은 물고기, 새우, 게, 갯지렁이 등입니다. 산란기는 10~1월이지요.

분류	동물계 〉 척삭동물문 〉 경골어강 〉 쥐노래미과	사는곳	북서태평양의 온대 및 열대 해역
크기	몸길이 30~40센티미터	식성	작은 물고기, 새우, 게, 갯지렁이 등

참조기

한국, 중국, 일본, 대만 해역에 분포합니다. 바닥에 모래나 진흙이 깔린 수심 40~150미터 바다에 주로 서식하지요.

흔히 사람들이 조기라고 할 때는 참조기를 가리킵니다. 참조기는 몸길이 30센티미터 안팎까지 성장합니다. 방추형에 옆으로

납작한 몸을 가졌으며, 눈이 크고 입술이 불그스름하지요. 2개의 등지느러미는 자연스럽게 이어진 형태이고, 다른 지느러미들에

비해 꼬리지느러미가 작은 편입니다. 몸을 가로질러 한 줄의 줄무늬가 도드라져 보이는 것도 눈에 띄는 특징이지요. 몸 색깔은 등

부분이 황갈색을 띠고, 배 쪽은 희거나 진한 노란색입니다. 참조기의 주요 먹이는 동물성 플랑크톤과 새우 등입니다. 산란기는

3~6월인데, 그 기간에는 몸의 빛깔이 좀 더 뚜렷해지고 수면 위로 올라와 개구리 울음 같은 큰 소리를 내는 습성이 있습니다.

우리나라 일부 지역에서는 참조기를 '황조기', '노랑조기'라고 부르기도 하지요.

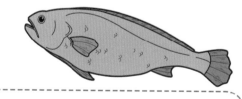

| 분류 | 동물계 〉 척삭동물문 〉 경골어강 〉 민어과 | 사는곳 | 한국, 중국, 일본, 대만 | 크기 | 몸길이 30센티미터 안팎 |
| 먹이 | 동물성 플랑크톤, 새우 등 | | | | |

혹돔

한국, 일본, 중국 해역에 분포합니다. 주로 수심 20~30미터의 바위가 많은 해역에 서식하지요. 이름에 '돔'이 붙어 있지만, 실은 놀래기과에 속하는 바닷물고기입니다. 수컷의 이마에 꽤 큰 혹이 있어 지금의 이름으로 불리게 됐지요. 혹돔은 몸길이 60~100 센티미터까지 성장합니다. 기다란 타원형 몸이 옆으로 납작한 모습이지요. 주둥이가 튀어나왔고, 위아래 턱에 단단한 송곳니가 줄줄이 나 있습니다. 몸 색깔은 대체로 적갈색을 띠는데, 어릴 적에는 눈 아래쪽부터 꼬리자루까지 흰색 선이 나타나는 특징을 보입니다. 더불어 각 지느러미에 검은 반점이 나타나는 것도 성체와 다른 어린 혹돔만의 개성이지요. 혹돔은 주로 전복, 소라, 고둥, 새우, 게, 오징어, 문어 등을 잡아먹고 삽니다. 앞서 이야기했듯 강한 이빨을 가졌기에 소라 등의 단단한 껍데기를 깨부술 수 있지요. 혹돔은 서식 환경에 따라 성전환을 하는 물고기로, 산란기는 5~6월입니다.

분류	동물계 〉 척삭동물문 〉 경골어강 〉 놀래기과	사는곳	한국, 일본, 중국	크기	몸길이 60~100센티미터
먹이	전복, 소라, 고둥, 새우, 게, 오징어, 문어 등				

삼치

우리나라를 비롯한 북서태평양의 따뜻한 바다에 분포합니다. 가을과 겨울에는 먼 바다로 나갔다가, 봄과 여름에 연안으로 이동해 서식하면서 알을 낳지요. 그와 같은 습성을 일컬어 '산란 회유'를 한다고 말합니다. 삼치는 몸길이 90~100센티미터까지 자라나는 바닷물고기입니다. 방추형에 옆으로 납작한 몸을 가졌지요. 몸높이가 낮고 주둥이가 날렵하며, 위아래 턱에 매우 날카로운 이빨이 나 있습니다. 옆구리를 중심으로 회청색 반점이 흩어져 있고, 각 지느러미의 크기가 작은 편인 것도 눈길을 끌지요. 온몸에는 조그만 비늘이 촘촘히 덮여 있습니다. 몸 색깔은 등 쪽이 청색이고, 배 부분은 은백색에 가깝지요. 삼치의 주요 먹이는 멸치, 정어리, 까나리 등 작은 물고기입니다. 산란기는 4~8월로, 20도 안팎의 수온에서 원활하게 번식하지요. 부화 후 성장 속도가 빠르기 때문에 1년이 채 되지 않아도 몸길이가 50센티미터에 이릅니다.

분류	동물계 〉 척삭동물문 〉 경골어강 〉 고등어과	사는곳	북서태평양	크기	몸길이 90~100센티미터
먹이	멸치, 정어리, 까나리 등				

쏠종개

서태평양과 인도양의 따뜻한 바다에 분포합니다. 바위와 해조류가 풍부한 연안에 주로 서식하지요. 쏠종개라는 이름은 독가시를 쏜다는 의미로 붙여졌습니다. 이 바닷물고기는 첫 번째 등지느러미와 배지느러미에 한 개씩 가시가 있는데, 여기에 찔리면 강력한 독이 분비되어 상당한 고통을 받게 됩니다. 쏠종개는 몸이 가늘고 긴 편이며, 머리는 위쪽으로 갈수록 납작합니다. 주둥이는 둥글고 눈과 입이 작으며, 위아래 턱에 원뿔형 이빨이 2~3줄로 나 있지요. 무엇보다 민물메기처럼 주둥이 주위에 4쌍의 수염이 있다는 점이 눈길을 끕니다. 성체의 몸길이는 30센티미터 안팎까지 성장하지요. 몸 색깔은 등 부분이 흑갈색을 띠고, 배 쪽은 흰색에 가까운 연한 황색입니다. 몸 옆구리에 2줄의 황색 줄무늬가 있는 것도 개성적인 모습이지요. 쏠종개는 야행성으로, 치어 때는 군집생활을 하다가 성체가 되면 대개 단독생활을 합니다. 주요 먹이는 작은 물고기와 새우, 갯지렁이, 동물성 플랑크톤 등이지요. 산란기는 7~8월입니다.

분류 동물계 〉 척삭동물문 〉 경골어강 〉 쏠종개과   **사는곳** 서태평양, 인도양   **크기** 몸길이 30센티미터 안팎

먹이 작은 물고기, 새우, 갯지렁이, 동물성 플랑크톤 등

옥돔

한국, 중국, 일본 등 서태평양의 따뜻한 바다에 분포합니다. 주로 수심 50미터 안팎의 얕은 바다에 서식하는데, 바다 밑바닥의 모래 속에 몸을 절반쯤 파묻고 지낼 때가 많지요. 평소 이동 범위가 넓지 않은 물고기로 알려져 있습니다. 옥돔은 몸길이 35~45센티미 터까지 성장합니다. 머리 부분이 굵고 꼬리로 갈수록 가늘어지는 몸을 가졌는데, 머리 앞쪽에서 주둥이로 이어지는 선이 급경사를 이루지요. 그래서 얼핏 입을 앙다물고 있는 것 같은 인상입니다. 그 밖에 기다란 1개의 등지느러미가 보이고, 몸에는 사각형의 빗비 늘이 덮여 있지요. 몸 색깔은 전체적으로 밝은 붉은빛을 띠는데, 배 부분은 농도가 옅어져 흰색에 가깝습니다. 옥돔의 주요 먹이는 작은 물고기와 새우, 게, 갯가재, 갯지렁이 등입니다. 산란기는 6~11월로, 자라나면서 성전환을 하는 바닷물고기 중 하나지요. 평균 수명은 8년 남짓입니다.

분류	동물계 〉 척삭동물문 〉 경골어강 〉 옥돔과	**사는곳**	한국, 중국, 일본 등	**크기**	몸길이 35~45센티미터
먹이	작은 물고기, 새우, 게, 갯가재, 갯지렁이 등				

118

자바리

한국, 중국, 일본, 필리핀, 말레이시아 해역에 분포합니다. 바위가 많은 수심 50미터 안팎의 바다에 주로 서식하지요. 자바리는 몸길이 60~110센티미터까지 성장합니다. 몸무게도 20킬로그램이 넘는 개체가 적지 않지요. 자바리는 방추형 몸이 옆으로 납작한 형태입니다. 아가미덮개에 가시가 없고, 아래턱이 튀어나온 입이 크며, 첫 번째 등지느러미에 단단하게 가시가 돋은 모습이지요. 몸 색깔은 전체적으로 다갈색을 띕니다. 여기에 6~7개의 흑갈색 줄무늬가 비스듬하게 나타나 있지요. 이 줄무늬는 나이가 들수록 점점 희미해진다고 합니다. 자바리는 야행성으로, 대부분 저녁이 되어야 먹이 활동에 나섭니다. 주요 먹이는 작은 물고기와 오징어, 꼴뚜기, 주꾸미, 새우 등이지요. 산란기는 8~10월입니다. 참고로, 우리나라 일부 지역에서 이 물고기를 다금바리라고 부르기도 하는데 둘은 전혀 다른 종입니다.

분류	동물계 〉 척삭동물문 〉 경골어강 〉 바리과	사는곳	한국, 중국, 일본, 필리핀, 말레이시아 등
크기	몸길이 60~110센티미터	식성	작은 물고기, 오징어, 꼴뚜기, 주꾸미, 새우 등

조피볼락

흔히 '우럭'이라고 하는 바닷물고기입니다. 한국, 일본, 중국 해역에 분포하지요. 바위가 많은 수심 100미터 이하의 연안에 주로 서식하는데, 날씨가 추워지면 따뜻한 남쪽 바다로 이동해서 생활하는 회유성 어류입니다. 조피볼락은 대체로 몸길이 30~40센티 미터까지 성장합니다. 방추형 몸에 머리와 입이 크고, 머리 뒤로 2줄의 흑갈색 띠가 보이지요. 또한 눈 주위에 여러 개의 가시가 나 있으며, 몸에는 사각형의 작은 빗비늘이 덮여 있습니다. 등지느러미는 2개인데, 특히 첫 번째 등지느러미에 가시가 잘 발달되었지요. 뒷지느러미의 가시도 강한 편입니다. 몸 색깔은 전체적으로 흑갈색 바탕에 검은 반점이 흩어져 있는 모습이지요. 조피볼락의 주요 먹이는 작은 물고기와 오징어, 새우, 게, 곤쟁이 등입니다. 산란기는 4~6월이며, 난태생으로 번식하지요.

평균 수명은 10년이 훌쩍 넘는 것으로 알려져 있습니다.

분류 동물계 〉 척삭동물문 〉 경골어강 〉 양볼락과   **사는곳** 한국, 일본, 중국 등   **크기** 몸길이 30~40센티미터

먹이 작은 물고기, 오징어, 새우, 게, 곤쟁이 등

쥐치

한국, 일본, 중국 등 서태평양의 따뜻한 바다에 분포합니다. 주로 바위가 많은 수심 50미터 안팎의 해역에 서식하지요. 평소 활동 범위가 넓지 않고, 헤엄치는 속도도 빠르지 않다고 합니다. 쥐를 닮은 입 모양에서 지금의 이름이 유래되었지요. 쥐치의 몸은 마름모꼴에 가까우면서 옆으로 납작한 모습입니다. 주둥이가 뾰족해 입이 작으며, 강한 앞니를 갖고 있지요. 또한 꼬리자루가 짧고, 수컷의 경우 등지느러미 일부가 실처럼 기다랗게 늘어진 것을 볼 수 있습니다. 몸에는 자잘한 가시가 난 작은 비늘이 덮여 있지요. 쥐치의 몸 색깔은 전체적으로 옅은 회갈색이나 흑갈색입니다. 노랗거나 붉은빛을 살짝 띠기도 하고요. 여기에 검은 반점이 불규칙하게 흩어져 있습니다. 쥐치는 몸길이 20~30센티미터까지 성장합니다. 주요 먹이는 새우, 게, 조개, 해파리, 갯지렁이, 해조류 등이지요. 먹이 활동을 할 때는 앞서 설명한 단단한 앞니가 큰 도움이 됩니다.

산란기는 5~8월이며, 한 마리의 암컷이 약 10만 개가 넘는 알을 낳습니다.

분류	동물계 〉 척삭동물문 〉 경골어강 〉 쥐치과	**사는곳** 서태평양의 따뜻한 바다	**크기** 몸길이 20~30센티미터
먹이	새우, 게, 조개, 해파리, 갯지렁이, 해조류 등		

참홍어

한국, 중국, 대만, 일본 등 북서태평양에 분포합니다. 주로 수심 100미터가 넘지 않으면서, 바다 바닥이 모래와 진흙으로 이루어진 곳에 서식하지요. 홍어류는 경골어류가 아니라 연골어류에 속하는 바닷물고기입니다. 참홍어는 위아래로 납작한 마름모꼴의 몸을 가졌습니다. 주둥이가 뾰족하고, 눈이 작으며, 꼬리에 한 줄의 날카로운 가시가 보이지요. 또한 눈 안쪽과 분수공 뒤쪽에도 가시가 나 있습니다. 어린 개체는 등 쪽에 한 쌍의 눈 모양 점이 보이는 특징도 있지요. 참홍어 성체의 몸길이는 75~110센티미터까지 성장합니다. 몸 색깔은 등 부분이 어두운 갈색 바탕에 커다란 황색 반점이 나타나고, 배 쪽은 어두운 회색빛을 띱니다. 참홍어의 주요 먹이는 갯가재, 오징어, 주꾸미, 새우, 게 등입니다. 산란기는 9~3월이지요. 참고로, 홍어와 가오리는 주둥이 쪽 모습으로 구별할 수 있습니다. 홍어는 주둥이 부분이 뾰족한 반면, 가오리는 둥글거나 약간 모가 나 있지요.

분류 동물계 〉 척삭동물문 〉 연골어강 〉 홍어과 **사는곳** 한국, 중국, 대만, 일본 등 **크기** 몸길이 75~110센티미터

먹이 갯가재, 오징어, 주꾸미, 새우, 게 등

큰가시고기

우리나라를 비롯한 아시아, 유럽, 북아메리카 등 지구 북반구에 분포합니다. 주로 바다 바닥이 모래나 진흙으로 덮인 연안에 서식하지요. 종종 강 하구까지 올라와 활동하는 모습이 발견되기도 합니다. 큰가시고기는 몸길이 9~11센티미터에 불과한 작은 물고기입니다. 몸은 옆으로 납작하고, 머리가 크며, 아래턱이 위턱보다 약간 튀어나왔지요. 또한 등지느러미 앞에 3개, 배지느러미와 뒷지느러미에 1개씩 있는 가시가 눈길을 끕니다. 몸에 비해 부채처럼 넓게 펼쳐진 가슴지느러미도 개성 있는 모습이지요. 큰가시고기의 몸 색깔은 전체적으로 윤기 나는 황갈색이면서, 옆구리의 비늘판에 붉은빛이 어른거립니다. 그러다가 수컷은 번식기가 되면 등 부분이 청록색을 띠고 배 쪽이 붉게 변해 아름답게 탈바꿈하지요. 큰가시고기의 주요 먹이는 다른 물고기의 치어와 작은 새우 등입니다. 산란기인 3~5월이 되면 연안에서 하천으로 이동해 알을 낳는 습성이 있습니다.

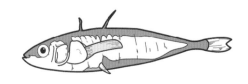

분류 동물계 〉 척삭동물문 〉 경골어강 〉 큰가시고기과   **사는곳** 아시아, 유럽, 북아메리카 등   **크기** 몸길이 9~11센티미터

먹이 다른 물고기의 치어, 작은 새우 등

홍어

한국, 중국, 일본, 오호츠크해 등에 분포합니다. 바닥이 진흙으로 이루어진 수심 100미터 이하의 바다에 주로 서식하지요. 홍어는 몸길이 150센티미터 안팎까지 성장합니다. 몸은 위아래로 납작하고 너비가 넓은 마름모꼴이지요. 가슴지느러미가 발달해 그렇게 보이는 것입니다. 또한 홍어는 머리와 눈이 작고, 주둥이가 날렵하게 돌출했으며, 제법 커다란 분수공을 가졌습니다. 2개의 작은 등지느러미는 몸 뒤쪽에 위치하고, 뒷지느러미는 없지요. 배지느러미도 작아 겨우 형태만 갖췄을 뿐입니다. 수컷의 경우 배지느러미 뒤쪽에 생식기 2개가 길게 튀어나와 있는 것도 눈에 띄는 특징이지요. 홍어의 몸 색깔은 등 부분이 갈색이고, 배 쪽은 흰색이나 회색에 가깝습니다. 등에는 황색 반점이 불규칙하게 흩어져 있기도 하지요. 홍어는 주로 새우, 게, 갯가재, 오징어 등을 잡아먹고 삽니다. 산란기는 11~12월로, 암수가 교미를 하여 알을 낳지요. 평균 수명은 5년 남짓으로 알려져 있습니다.

분류	동물계 〉 척삭동물문 〉 연골어강 〉 홍어과	사는곳	한국, 중국, 일본, 오호츠크해 등	크기	몸길이 150센티미터 안팎
먹이	새우, 게, 갯가재, 오징어 등				

붕장어

북서태평양을 중심으로 분포합니다. 대서양과 인도양에도 꽤 많은 개체가 서식하지요. 붕장어는 뱀장어와 닮은 바닷물고기로, 작은 비늘이 있는 뱀장어와 비교해 비늘이 없는 것이 특징입니다. 주로 해조류가 무성한 모래 바닥을 좋아하지요. 붕장어의 몸은 원통형으로 가늘고 기다랗습니다. 몸길이는 암컷이 수컷보다 훨씬 커서 90센티미터 안팎까지 자라나지요. 수컷의 몸길이는 40 센티미터 정도밖에 되지 않습니다. 붕장어의 등지느러미는 머리 근처에서 시작해 꼬리지느러미까지 길게 이어집니다. 그와 달리 가슴지느러미는 작고, 위아래 턱에 날카로운 송곳니가 한 줄로 나 있지요. 몸 색깔은 등 부분이 다갈색이나 회갈색을 띠며, 배 쪽은 흰색에 가깝습니다. 야행성인 붕장어의 주요 먹이는 작은 물고기, 새우, 게, 갯지렁이 등입니다. 수온이 올라가는 봄과 여름에 산란 하는데, 알이 부화해 성체가 되기까지 약 8년의 시간이 필요하지요. 성체가 되어갈수록 점점 더 먼 바다로 나아가 생활하는 습성이 있습니다.

분류 동물계 〉 척삭동물문 〉 경골어강 〉 붕장어과   **사는곳** 북서태평양, 대서양, 인도양   **크기** 몸길이 40~90센티미터

먹이 작은 물고기, 새우, 게, 갯지렁이 등

성대

한국, 일본, 중국, 대만, 뉴질랜드 해역에 분포합니다. 주로 수심 100미터 정도의 바다에 서식하지요. 이따금 해가 지고 나면 부레를 이용해 개구리 울음 같은 소리를 내는 습성이 있습니다. 길고 커다랗게 변형된 가슴지느러미로 바다 바닥을 걸어 다니며 먹이 활동을 하는 독특한 모습을 보이기도 하지요. 성대는 몸길이 25~40센티미터까지 성장합니다. 원통형 몸에 크고 단단한 머리를 가졌으며, 주둥이 끝에 몇 개의 작은 가시가 있지요. 머리 위쪽에 위치한 눈과 잘 발달된 지느러미들도 눈에 띄는 특징입니다. 특히 두 번째 등지느러미와 뒷지느러미는 서로 대칭을 이룬 듯한 모습이지요. 그 밖에 옆구리에는 두 줄의 적갈색 띠가 나타나 있고, 몸에는 작고 둥근 비늘이 덮여 있습니다. 성대의 등 부분 몸 색깔은 붉은 반점이 흩어져 있는 회갈색이며, 배 쪽은 농도가 옅어져 일부 은백색을 띱니다. 주요 먹이는 새우, 갯가재, 작은 물고기 등이지요. 대체로 4~6월에 산란하며, 부화한 뒤 2~3년은 지나야 성체가 됩니다.

분류 동물계 〉 척삭동물문 〉 경골어강 〉 성대과 　**사는곳** 한국, 일본, 중국, 대만, 뉴질랜드 등 　**크기** 몸길이 25~40센티미터

먹이 새우, 갯가재, 작은 물고기 등

쏨뱅이

한국, 대만, 중국, 일본 등 서태평양의 따뜻한 바다에 분포합니다. 수심 100미터 이하이면서 바위가 많은 해역에 주로 서식하지요. 이 바닷물고기는 이름에서 짐작할 수 있듯 독가시를 가졌다는 의미로 지어졌습니다. 하지만 모든 쏨뱅이 종류가 그런 것은 아니고, 생물학적 분류상 같은 목에 속하는 약 350여 종 가운데 57종이 그렇다고 합니다. 쏨뱅이는 몸길이 20~30센티미터까지 성장합니다. 옆으로 납작한 타원형 몸에, 머리와 입이 크지요. 눈 아래쪽을 제외한 머리 부분에는 가시들이 발달되어 있습니다. 또한 등지느러미에 12개의 가시가 있고, 몸에 작은 빗비늘이 덮인 것도 개성 있는 모습이지요. 몸 색깔은 전체적으로 흑갈색이나 적갈색을 띠면서 둥근 반점들이 흩어져 있습니다. 쏨뱅이의 주요 먹이는 작은 물고기, 새우, 게, 갯가재, 갯지렁이 등입니다. 산란기는 11~3월이며 태생으로 번식하지요. 해조류가 무성한 곳에서 몇 차례에 걸쳐 새끼를 낳습니다.

분류 동물계 〉 척삭동물문 〉 경골어강 〉 양볼락과   **사는곳** 한국, 대만, 중국, 일본 등   **크기** 몸길이 20~30센티미터

먹이 작은 물고기, 새우, 게, 갯가재, 갯지렁이 등

용치놀래기

한국, 대만, 중국, 일본, 필리핀 등 서태평양의 따뜻한 바다에 분포합니다. 주로 바위가 많은 연안에 서식하는데, 겨울이 되면 깊은 바다로 들어가 거의 움직이지 않지요. 마치 겨울잠을 자는 것처럼 말이에요. 이 바닷물고기는 우리나라에서 정식 이름보다 '술뱅이', '술맹이' 등의 사투리로 더 잘 알려져 있습니다. 용치놀래기는 몸길이 20~35센티미터까지 성장합니다. 옆으로 납작한 긴 몸을 가졌으며, 주둥이가 뾰족한 편이지요. 무엇보다 수컷은 가슴지느러미 뒤로 큰 점이 보이고, 암컷은 몸에 검은색이나 적갈색 띠를 갖고 있는 것이 특징입니다. 또한 하나로 길게 이어진 등지느러미와 두툼한 꼬리자루도 눈길을 끌지요. 몸 색깔은 수컷의 경우 등 부분이 청록색이고, 암컷은 적록색을 띱니다. 따라서 암수의 구별이 쉽지요. 평소 용치놀래기는 수컷 한 마리가 여러 마리의 암컷을 거느리며 생활합니다. 그러다가 그 수컷이 죽으면, 암컷 중 하나가 수컷으로 성전환을 하는 신기한 습성이 있지요. 주로 조개, 새우, 게, 갯지렁이 등을 잡아먹는데 식탐이 아주 강하다고 합니다.

분류	동물계 〉 척삭동물문 〉 경골어강 〉 놀래기과	사는곳	한국, 대만, 중국, 일본, 필리핀 등	크기	몸길이 20~35센티미터
먹이	조개, 새우, 게, 갯지렁이 등				

자주복

흔히 '참복'이라고도 합니다. 한국, 중국, 일본, 대만 해역에 분포하지요. 육지와 가까운 얕은 바다에 서식하면서 계절에 따라 알맞은 수온을 찾아 이동합니다. 수온에 아주 민감한 바닷물고기라서 15도 이하가 되면 먹이를 먹지 않을 정도지요. 자주복은 보통 70~75센티미터까지 성장합니다. 전형적인 복어의 몸을 가졌는데, 등과 배 부분에 잔가시가 많지요. 아울러 가슴지느러미 뒤쪽에 까맣고 둥근 점이 보이며, 등과 옆구리를 중심으로는 그보다 작은 검은 반점이 불규칙하게 발달했습니다. 몸 색깔은 등 부분이 푸른빛이 도는 흑갈색을 띠고, 배 쪽은 흰색에 가깝지요. 자주복은 복어들 가운데 독성이 강한 편이 아닙니다. 난소와 간 등에 독이 들었지만 살과 껍질은 그렇지 않지요. 자주복의 주요 먹이는 작은 물고기를 비롯해 새우, 게 등입니다. 산란기는 3~6월로, 바닷속 모래나 자갈 바닥에 알을 낳지요. 평균 수명은 약 10년 정도로 알려져 있습니다.

분류	동물계 〉 척삭동물문 〉 경골어강 〉 참복과	**사는곳**	한국, 중국, 일본, 대만 등	**크기**	몸길이 70~75센티미터
먹이	작은 물고기, 새우, 게 등				

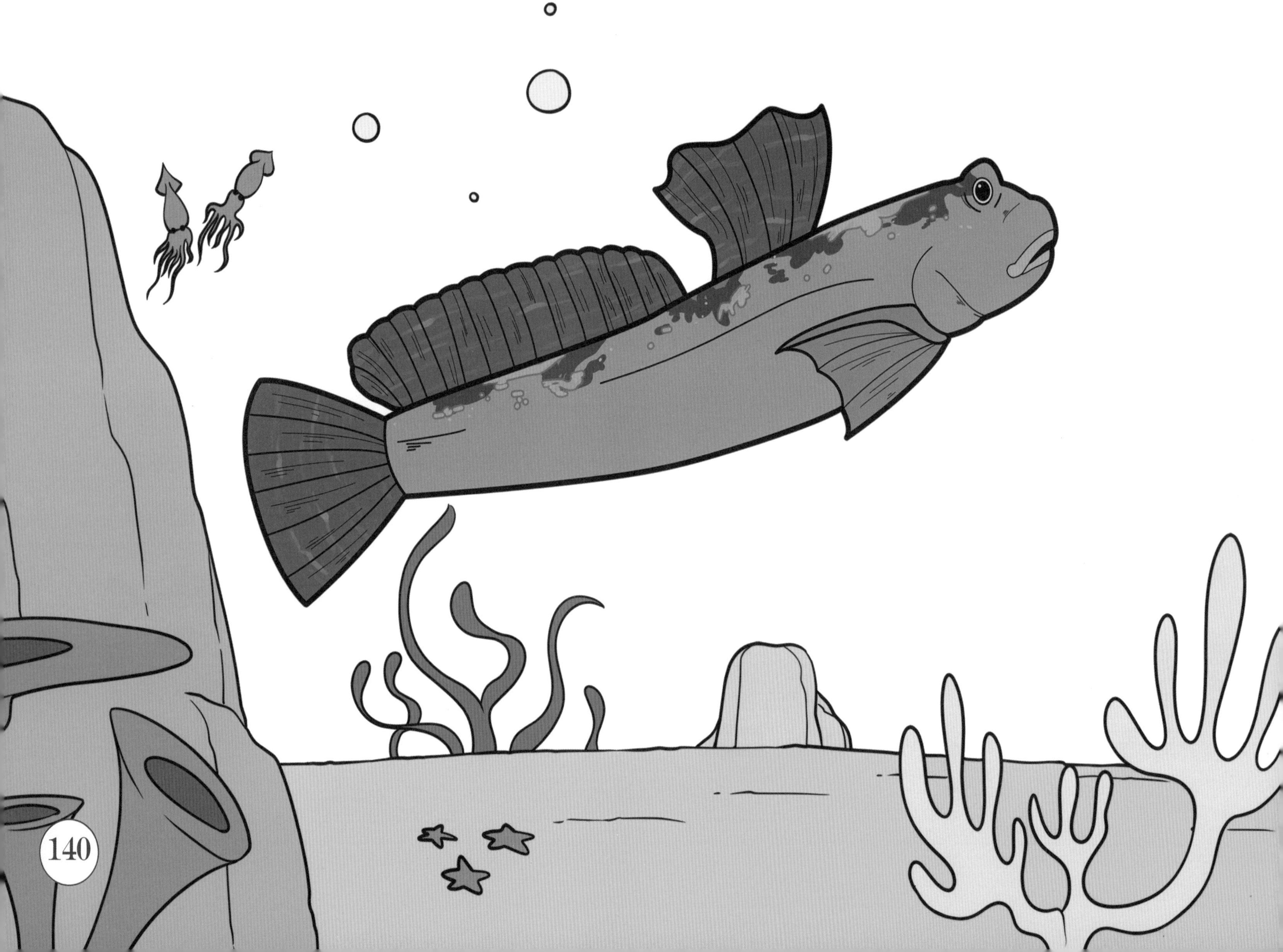

짱뚱어

서태평양의 따뜻한 바다에 널리 분포합니다. 연안과 강 하구의 갯벌에 구멍을 파고 서식하지요. 구멍의 깊이는 대개 50센티미터가 넘고, 출입구가 2개인 Y자 형입니다. 짱뚱어는 몸길이 15~20센티미터까지 성장합니다. 가늘고 기다란 몸이 뒤로 갈수록 점점 옆으로 납작해지지요. 짧은 주둥이의 끝이 둥글고, 눈이 머리 윗부분에 위치합니다. 또한 잘 발달된 가슴지느러미를 이용해 갯벌에서 이동하며, 커다란 부채 모양의 첫 번째 등지느러미가 눈길을 사로잡습니다. 두 번째 등지느러미는 몸의 절반을 차지할 만큼 길게 이어지지요. 몸 색깔은 전체적으로 회청색을 띠는데, 배 쪽으로 갈수록 농도가 옅어집니다. 몸과 등지느러미, 꼬리지느러미에는 푸른빛이 도는 반점이 흩어져 있기도 하고요. 짱뚱어의 주요 먹이는 규조류입니다. 규조류란, 민물과 바닷물에 두루 분포하는 플랑크톤을 가리키지요. 산란기는 6~8월이며, 알들이 부화할 때까지 수컷이 보살핍니다.

분류 동물계 〉 척삭동물문 〉 경골어강 〉 망둑어과   **사는곳** 서태평양   **크기** 몸길이 15~20센티미터

먹이 규조류 등

청새치

태평양, 인도양, 대서양의 따뜻한 바다에 분포합니다. 다랑어 종류처럼 크게 군집을 이루어 생활하지는 않지요. 보통 2~3마리가 함께 다니다가, 번식기에만 작은 규모의 군집을 이룹니다. 청새치는 이름에서 알 수 있듯 몸 색깔이 어두운 청색을 띱니다. 배 쪽은 회백색에 가깝고요. 몸길이는 350~430센티미터까지 성장하며, 몸무게도 300~400킬로그램에 이릅니다. 전체적인 몸의 형태는 가늘고 길며 옆으로 납작하지요. 무엇보다 꼬챙이처럼 튀어나온 주둥이가 특징적인 모습입니다. 위턱이 아래턱에 비해 훨씬 길고, 입 안에는 작은 이빨들이 가지런히 나 있지요. 그 밖에 2개의 등지느러미 중 높이 솟구쳐 있는 첫 번째 등지느러미도 눈길을 끕니다. 눈은 몸집에 비해 작은 편이지요. 청새치는 멸치, 전갱이, 꽁치, 정어리, 고등어 같은 물고기와 오징어 등을 즐겨 잡아먹습니다. 북반구를 기준으로 번식기는 5~7월이지요. 한 마리의 암컷이 한배에 1~2만 개의 알을 낳습니다.

분류	동물계 〉 척삭동물문 〉 경골어강 〉 돛새치과	사는곳	태평양, 인도양, 대서양	크기	몸길이 350~430센티미터
먹이	멸치, 전갱이, 꽁치, 정어리, 고등어, 오징어 등				

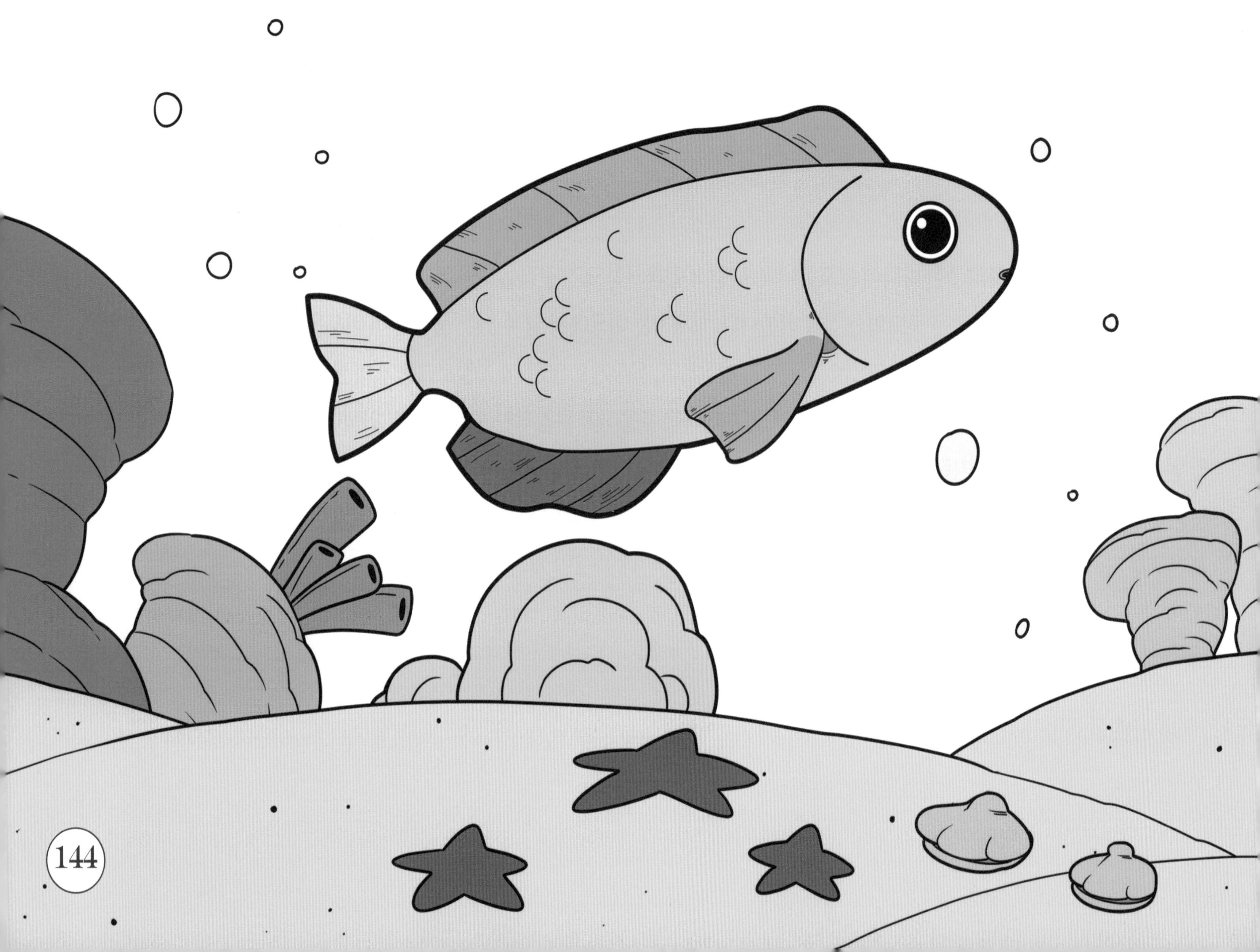

파랑돔

한국과 일본 등 북서태평양을 비롯해 인도양에 분포합니다. 바위가 많은 연안에 주로 서식하지요. 파랑돔은 이름 그대로 몸 색깔이 전체적으로 파랗습니다. 다만 꼬리지느러미와 배지느러미, 뒷지느러미 등이 노란 개체가 많지요. 가슴지느러미 밑으로는 검은색 띠가 보이기도 합니다. 그처럼 아름다운 겉모습 때문에 사람들이 종종 관상어로 이용하지요. 파랑돔은 몸길이가 30센티미터 안팎까지 자라납니다. 방추형에 옆으로 납작한 몸을 가졌지요. 머리와 눈이 크고, 입은 작은 편입니다. 등지느러미는 몸 전체에 걸쳐 하나로 이어져 있으며, 뒷지느러미도 발달했지요. 가슴지느러미는 부채꼴로 끝이 둥그렇습니다. 파랑돔은 대체로 군집생활을 합니다. 주요 먹이는 동물성 플랑크톤과 새우, 갯지렁이 등이지요. 산란기는 5~9월로, 암컷이 알을 낳으면 부화할 때까지 수컷이 보호합니다.

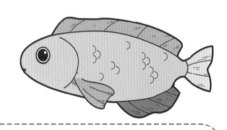

분류 동물계 〉 척삭동물문 〉 경골어강 〉 자리돔과　　**사는곳** 북서태평양, 인도양　　**크기** 몸길이 30센티미터 안팎

먹이 동물성 플랑크톤, 새우, 갯지렁이 등

아귀

서태평양과 인도양의 따뜻한 바다에 분포합니다. 주로 수심 100~200미터 정도 되는 깊은 바다의 밑바닥에 서식하지요. 원래 아귀는 불교에서 탐욕 많은 사람이 죽은 뒤 굶주림에 시달리는 귀신으로 변한 것을 가리킵니다. 그만큼 이 바닷물고기의 생김새가 흉해 사람들로부터 지금의 이름을 얻게 됐지요. 처음에는 음식 재료로도 사용하지 않고 내다버렸다고 합니다. 아귀는 몸길이 60~100센티미터까지 자라납니다. 위아래로 납작한 타원형 몸에, 머리가 굉장히 크지요. 그에 어울리게 입도 커서 자기 몸집만한 먹잇감까지 어렵지 않게 먹어치운다고 합니다. 또한 입 안에는 여러 크기의 단단한 이빨이 빼곡히 나 있고, 입 바로 위 등지느러미 쪽에는 먹이를 유인하는 촉수가 보이지요. 아가미구멍은 몸집에 비해 작은 편입니다. 몸 색깔은 등 쪽이 회갈색, 배 부분은 흰색에 가깝지요. 아귀는 병어, 조기, 도미 같은 물고기와 오징어, 주꾸미, 문어 등을 즐겨 잡아먹습니다.
산란기는 4~8월로, 수많은 알이 담긴 알주머니 형태로 번식하지요.

분류	동물계 〉 척삭동물문 〉 경골어강 〉 아귀과	사는곳	서태평양, 인도양	크기	몸길이 60~100센티미터
먹이	병어, 조기, 도미, 오징어, 주꾸미, 문어 등				

웅어

한국, 중국, 일본 해역에 분포합니다. 육지와 가까운 연안에 서식하는데, 산란기가 되면 강 하구로 올라와 알을 낳지요. 부화한 치어는 바다로 내려가 성장합니다. 웅어의 성체는 몸길이 30~40센티미터까지 자라납니다. 기다란 몸이 옆으로 심하게 눌린 모습이며, 입이 크고 주둥이 끝이 뾰족하지요. 또한 둥글고 작은 비늘이 몸을 덮고 있고, 뒷지느러미가 매우 기다랗습니다. 한마디로 전체적인 몸의 형태가 매끄러운 칼날 같다고 할 만하지요. 몸 색깔은 등 쪽이 연한 갈색, 나머지 부분은 대체로 은백색을 띱니다. 은어의 산란기는 6~7월입니다. 연어와 송어처럼 강으로 올라와 알을 낳고 나면 곧 일생을 마치지요. 주요 먹이는 치어 때 동물성 플랑크톤을 먹고 자라다가, 성체가 되면 작은 물고기와 새우 등을 즐겨 잡아먹습니다. 참고로, 옛날에 웅어는 임금님께 진상할 만큼 귀한 물고기로 인정받았습니다. 그만큼 맛이 좋기 때문이지요.

분류	동물계 〉 척삭동물문 〉 경골어강 〉 멸치과	사는곳	한국, 중국, 일본 등	크기	몸길이 30~40센티미터
먹이	동물성 플랑크톤, 작은 물고기, 새우 등				

149

전갱이

한국, 중국, 일본, 대만 해역에 분포합니다. 주로 수심 100미터 이하의 바다에 서식하지요. 계절 회유성 물고기로, 15~25도 정도의 수온을 좋아합니다. 우리나라 일부 지방에서는 전광어, 메가리, 가라지 등의 이름으로 부르기도 하지요. 다만 '아지'는 사투리가 아니라 일본식 이름이므로 사용하지 말아야 합니다. 전갱이는 몸길이 40센티미터 안팎까지 성장합니다. 기다란 방추형 몸에 커다란 눈을 갖고 있지요. 위턱보다 아래턱이 튀어나와 있고, 등지느러미는 2개입니다. 뒷지느러미 앞에는 2개의 작은 가시가 삐죽 나와 있지요. 꼬리자루가 몸에 비해 잘록한 것도 개성적인 모습입니다. 몸 색깔은 등 부분이 어두운 청록색을 띠고, 배 쪽은 은백색이지요. 전갱이는 동물성 플랑크톤을 먹고 자라다가 성체가 되면 작은 물고기, 새우, 오징어 등을 먹이로 삼습니다. 먹이 활동은 주로 낮에 하지요. 산란기는 4~7월로, 부화한 치어는 성장하면서 조금씩 깊은 바다로 서식지를 옮깁니다. 평균 수명은 6~7년입니다.

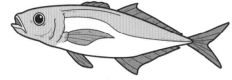

분류	동물계 〉 척삭동물문 〉 경골어강 〉 전갱이과	사는곳	한국, 중국, 일본, 대만 등	크기	몸길이 40센티미터 안팎
먹이	동물성 플랑크톤, 작은 물고기, 새우, 오징어 등				

줄도화돔

북서태평양과 인도양에 분포합니다. 바닥이 모래나 진흙, 바위로 이루어진 수심 100미터 이하의 바다에서 무리를 지어 서식하지요. 야행성 바닷물고기라, 해가 지고 나서야 활발히 먹이 활동을 합니다. 줄도화돔은 9~12센티미터까지 성장하는 소형 물고기입니다. 옆으로 눌린 타원형 몸에, 머리와 눈이 큰 편이지요. 위턱에 비해 아래턱이 튀어나왔고, 몸에는 빗비늘이 덮여 있습니다. 무엇보다 꼬리지느러미 가운데에 위치한 검은 반점이 눈에 띄지요. 아울러 머리와 몸 윗부분에 있는 2줄의 검은색 줄무늬도 개성적인 모습입니다. 몸 색깔은 전체적으로 분홍빛을 띠며 광택이 나지요. 줄도화돔의 주요 먹이는 동물성 플랑크톤과 새우, 갯지렁이 등입니다. 산란기에는 독특한 습성을 보이는데, 놀랍게도 알을 입에 넣어 부화시키지요. 나아가 새끼가 어느 정도 자랄 때까지 입 안에 넣고 양육하기도 합니다. 그 역할은 모두 수컷이 담당하지요.

분류	동물계 〉 척삭동물문 〉 경골어강 〉 동갈돔과	사는곳	북서태평양, 인도양	크기	몸길이 9~12센티미터
먹이	동물성 플랑크톤, 새우, 갯지렁이 등				

참가자미

북서태평양의 따뜻한 바다에 널리 분포합니다. 수심 150미터 이내의 바다 바닥에서 주로 서식하지요. 참가자미는 넙치와 비슷하게 생겼지만, 두 눈이 오른쪽으로 몰려 있다는 점이 다릅니다. 참가자미는 대체로 30~45센티미터까지 자라납니다. 타원형 몸이 위아래로 납작하게 눌린 형태이며, 주둥이가 작고 뾰족한 편이지요. 등지느러미와 뒷지느러미는 몸 양쪽을 길게 에워싼 모양으로 발달했습니다. 아울러 눈이 있는 쪽 몸은 빗비늘, 그와 반대쪽 몸은 둥근비늘로 덮여 있지요. 몸 색깔은 눈 있는 쪽이 푸른빛이 도는 흑갈색, 눈 없는 쪽은 흰색에 가깝습니다. 흑갈색 바탕에는 드문드문 희끄무레한 반점이 흩어져 있지요. 참가자미의 주요 먹이는 갯지렁이, 새우, 곤쟁이, 게, 작은 물고기, 해조류 등입니다. 산란기는 4~6월이며, 대개 4년쯤 자라야 성체가 되지요. 산란기에는 두 번에 걸쳐 알을 낳는 것으로 알려져 있습니다.

분류	동물계 〉 척삭동물문 〉 경골어강 〉 가자미과	사는곳	북서태평양	크기	몸길이 30~45센티미터
먹이	갯지렁이, 새우, 곤쟁이, 게, 작은 물고기, 해조류 등				

청어

한국, 일본, 오호츠크해, 베링해 등에 분포합니다. 수온 2~10도 정도의 비교적 차가운 해역을 좋아하는 바닷물고기로, 수심 150 미터를 넘지 않는 연안에 서식하지요. 요즘은 주로 꽁치로 과메기를 만드는데, 원래는 청어가 주재료라고 합니다. 청어는 몸길이 30~40센티미터까지 성장합니다. 기다란 몸이 옆으로 납작하며, 눈 주위에 기름눈꺼풀을 가졌지요. 위아래 턱에는 이빨이 거의 보이지 않고, 몸에 둥근비늘이 덮여 있습니다. 얼핏 정어리와 닮았으나, 그보다 몸이 조금 더 크지요. 또한 옆줄도 잘 보이지 않습니다. 몸 색깔은 등 쪽이 어두운 청색, 배 부분은 은백색을 띠고요. 청어는 무리를 지어 생활하는 습성이 있는데, 산란기가 되면 강 하구까지 거슬러 올라가기도 합니다. 보통 3~4월에, 한 마리의 암컷이 수만 개의 알을 낳지요. 청어의 주요 먹이는 작은 물고기와 새우 등입니다.

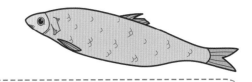

분류 동물계 〉 척삭동물문 〉 경골어강 〉 청어과   **사는곳** 한국, 일본, 오호츠크해, 베링해 등   **크기** 몸길이 30~40센티미터

먹이 작은 물고기, 새우 등

학공치

한국, 중국, 대만, 일본 해역에 분포합니다. 육지와 가까운 수심 50미터 이하의 연안에 주로 서식하지요. 입이 학의 부리처럼 길게 뻗어 지금의 이름을 얻게 됐습니다. 그 밖에 '학꽁치', '강꽁치', '학치', '공치', '공미리' 등으로도 부릅니다. 학공치는 몸길이 35~40 센티미터까지 성장합니다. 꽁치처럼 가늘고 긴 타원형 몸에, 몸높이가 낮은 특징이 있지요. 무엇보다 앞서 이야기했듯 기다란 주둥이가 눈에 띕니다. 특히 아래턱이 위턱보다 2배 이상 길게 뻗어 있지요. 그 밖에 1개의 등지느러미가 꼬리자루 가까이 위치하고, 배지느러미와 뒷지느러미도 제법 뒤쪽에 보입니다. 몸에는 자그마한 둥근비늘이 덮여 있고요. 몸 색깔은 등 쪽이 청록색을 띠고, 배 부분은 은백색입니다. 몸은 전체적으로 광택이 나지요. 학공치는 군집생활을 하며, 주변 상황에 따라 날치처럼 수면 위를 뛰어오르는 습성이 있습니다. 주요 먹이는 동물성 플랑크톤, 새우, 해조류 등이지요. 산란기는 4~6월이며, 평균 수명은 2년 정도로 알려져 있습니다.

분류	동물계 〉 척삭동물문 〉 경골어강 〉 학공치과	사는곳	한국, 중국, 대만, 일본 등	크기	몸길이 35~40센티미터
먹이	동물성 플랑크톤, 새우, 해조류 등				

황어

한국, 일본, 중국, 러시아 해역에 분포합니다. 육지와 가까운 연안에서 살다가 산란기에 하천으로 올라오지요. 일생의 대부분을 바다에서 보내므로 바닷물고기로 분류합니다. 황어는 몸길이가 10~40센티미터까지 다양합니다. 방추형 몸이 옆으로 약간 납작하며, 잉어과에 속하지만 입수염이 없지요. 1개의 등지느러미가 몸 중앙에 자리하고, 그 맞은편에 배지느러미가 있습니다. 뒷지느러미의 크기도 배지느러미와 비슷하지요. 또한 황어는 눈이 크고 주둥이가 갸름한 편입니다. 몸 색깔은 등 쪽이 어두운 청갈색이며, 배 부분은 은백색을 띠지요. 산란기가 되면 몸의 일부에 붉은빛이 감돌기도 합니다. 앞서 설명했듯, 황어는 산란 회유성 물고기입니다. 번식기인 3~4월이 되면 맑은 물이 흐르는 강 하류로 올라와 무리를 지어 산란하지요. 치어는 부화 후에 물 속 곤충의 알이나 플랑크톤을 먹고 살다가 바다로 나아가 작은 물고기와 새우, 해조류 등을 식량으로 삼습니다.

분류	동물계 〉 척삭동물문 〉 경골어강 〉 잉어과	사는곳	한국, 일본, 중국, 러시아 등	크기	몸길이 10~40센티미터
먹이	곤충의 알, 플랑크톤, 작은 물고기, 새우, 해조류 등				

162

숭어

태평양, 대서양, 인도양의 따뜻한 바다에 널리 분포합니다. 숭어는 기수어로서, 성장할수록 더 먼 바다로 나가는 특징이 있지요. 여기서 기수어란, 바닷물과 민물을 오가는 물고기를 말합니다. 물론 숭어는 바다에서 지내는 시간이 훨씬 길고, 산란도 상대적으로 수온이 높은 먼 바다에서 하지요. 숭어는 몸길이 60~120센티미터까지 자라납니다. 몸무게는 6~8킬로그램에 이르지요. 몸은 홀쭉하며, 옆으로 납작한 형태입니다. 위쪽이 평평한 갸름한 머리에, 입이 작고 이빨이 거의 보이지 않지요. 등지느러미는 2개를 가졌습니다. 첫 번째 등지느러미의 위치는 몸 중앙에 가깝지요. 아울러 꼬리지느러미가 발달해 강한 힘으로 헤엄을 칠 수 있습니다. 몸 색깔은 등 부분이 회청색이고, 배 쪽은 은백색을 띱니다. 숭어의 주요 먹이는 작은 물고기를 비롯해 곤충의 유충, 새우, 갯지렁이 등입니다. 산란기는 10~2월이며, 평균 수명은 4~5년 정도지요. 숭어는 이따금 물길을 거스르면서 수면 위로 1미터 넘게 뛰어오르는 묘기를 선보이기도 합니다.

분류 동물계 〉 척삭동물문 〉 경골어강 〉 숭어과　　　**사는곳** 태평양, 대서양, 인도양　　　**크기** 몸길이 60~120센티미터

먹이 작은 물고기, 곤충의 유충, 새우, 갯지렁이 등

164

양태

서태평양과 인도양을 중심으로 분포합니다. 주로 수심 100미터 안팎의 연안에 서식하지요. 바다 바닥이 모래나 진흙으로 된 곳을 좋아합니다. 양태는 몸길이 50~100센티미터까지 성장합니다. 몸은 길고 머리 부분이 납작한 형태지요. 몸에는 아주 작은 빗비늘이 덮여 있고, 비교적 큰 눈을 가졌으며, 2개의 등지느러미가 있습니다. 꼬리지느러미 가운데에는 수평으로 검은 띠가 보이기도 하지요. 몸 색깔은 등과 옆구리가 연한 갈색을 띠고, 배 부분은 흰색에 가깝습니다. 등과 옆구리에는 흑갈색 반점들도 흩어져 있지요. 양태의 주요 먹이는 작은 물고기, 새우, 게, 오징어, 주꾸미 등입니다. 산란기는 5~7월로, 대개 바닥이 모래로 이루어진 연안에서 알을 낳지요. 양태는 성전환을 하는 물고기로도 잘 알려져 있습니다. 어릴 때는 수컷이었다가 일정 크기 이상으로 자라나면 대부분 암컷으로 바뀌지요. 생존과 번식에 유리하기 때문에 그와 같은 방식으로 진화한 것입니다.

분류	동물계 〉 척삭동물문 〉 경골어강 〉 양태과	사는곳	서태평양, 인도양	크기	몸길이 50~100센티미터
먹이	작은 물고기, 새우, 게, 오징어, 주꾸미 등				

임연수어

오호츠크해를 중심으로 북태평양에 분포합니다. 바위가 많은 수심 100~200미터 해역에 주로 서식하지요. 흔히 '이면수'라는 이름으로 불리는 바닷물고기입니다. 임연수어는 몸길이 25~60센티미터까지 성장합니다. 비교적 기다란 몸이 옆으로 납작하며, 여느 물고기와 달리 5줄의 옆줄을 갖고 있지요. 또한 꼬리자루가 가는 편이고, 1개의 등지느러미가 길게 이어져 있습니다. 가슴지느러미와 배지느러미도 발달했으며, 꼬리지느러미는 두 갈래로 깊게 갈라졌지요. 부레가 있기 때문에 수중에 떠서 헤엄치기 안성맞춤입니다. 임연수어의 몸 색깔은 등 쪽이 어두운 갈색이고, 배 부분은 누르스름한 백색입니다. 여기에 앞서 말한 5줄의 검은 줄무늬가 세로로 그어져 있지요. 임연수어의 주요 먹이는 작은 물고기와 갯지렁이, 새우 등입니다. 산란기는 9월부터 시작해 이듬해 2월 정도까지 계속되지요. 임연수어는 얼핏 쥐노래미로 착각하기 쉬운 어종입니다.

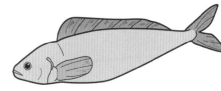

분류 동물계 〉 척삭동물문 〉 경골어강 〉 쥐노래미과   **사는곳** 북태평양   **크기** 몸길이 25~60센티미터

먹이 작은 물고기, 갯지렁이, 새우 등

전어

한국, 일본, 중국 등 동아시아 해역에 분포합니다. 보통 수심 30미터 안팎의 얕은 바다에 서식하지요.

어린 개체는 특별히 '전어사리'라고 부릅니다. 전어는 몸길이 15~30센티미터까지 성장합니다. 옆으로 납작한 몸에 비교적 큰 둥근비늘이 덮여 있지요. 몸 중앙에 1개의 등지느러미가 위치하고, 그와 마주한 지점에 배지느러미가 보입니다. 또한 등 쪽 비늘 가운데에 각각 1개의 흑갈색 점이 있는 것도 눈에 띄지요. 옆구리 앞쪽에도 흑갈색의 큰 반점이 하나 있습니다. 몸 색깔은 등 부분이 검푸른 빛을 띠며, 배 쪽은 은백색이지요. 전어는 크게 무리를 이루어 군집생활을 합니다. 먹이로는 주로 동물성 플랑크톤과 식물성 플랑크톤을 다양하게 섭취하지요. 산란기는 4~6월로, 부유성 알을 낳습니다. 그냥 수중에 둥둥 떠다니게 알을 낳는다는 의미지요. 평균 수명은 5~6년 정도입니다.

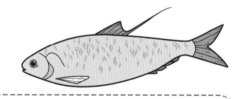

분류	동물계 〉 척삭동물문 〉 경골어강 〉 청어과	사는곳	한국, 일본, 중국 등	크기	몸길이 15~30센티미터
먹이	동물성 플랑크톤, 식물성 플랑크톤				

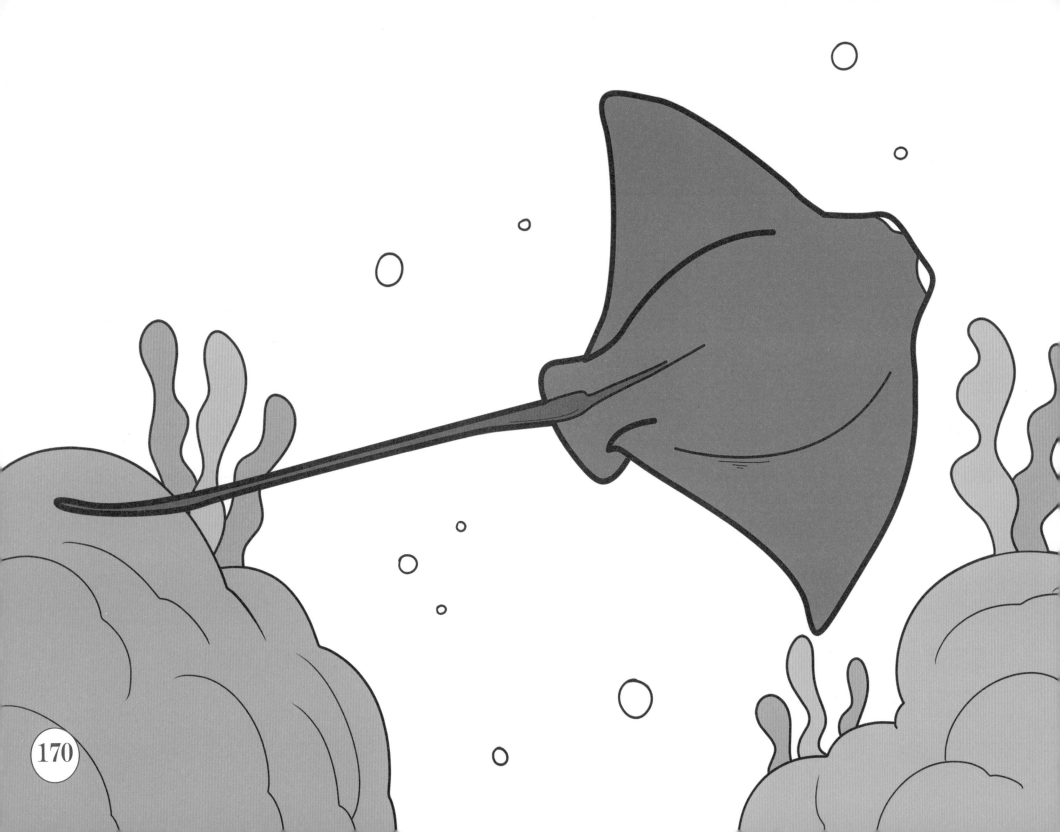

쥐가오리

'만타가오리'라고도 합니다. '만타'는 스페인어로, 넓적한 모포를 의미하지요. 아울러 일부 영어권 국가에서는 '데블피시'라고도 합니다. 겉모습이 공포를 갖게 해 '악마 가오리'라는 별명을 붙인 것이지요. 그러나 쥐가오리는 온순한 성질을 갖고 있으며, 새우보다 큰 먹잇감은 잘 먹지 못합니다. 주식은 크릴, 플랑크톤 등이지요. 쥐가오리는 태평양, 인도양, 대서양에 널리 분포합니다. 수심 50미터가 안 되는 얕은 바다에 서식하면서, 햇빛이 좋은 날이면 수면 가까이 모습을 드러낼 때가 많지요. 쥐가오리는 몸길이 200~240센티미터까지 성장합니다. 양쪽 가슴지느러미를 활짝 펼친 너비로 보면 500~600센티미터나 되지요. 몸의 형태는 마름모꼴이며, 머리 부분이 짧고, 양쪽 어깨에 희끄무레한 반점이 보입니다. 기다란 꼬리에는 독 없는 가시가 달려 있고요. 한 쌍의 머리지느러미를 가진 것도 특별한 개성입니다. 쥐가오리의 몸 색깔은 등 쪽이 푸른빛이 도는 잿빛이며, 배 부분은 흰색에 가깝습니다. 번식 방법은 난태생으로, 보통 한배에 1마리의 새끼를 낳지요. 평균 수명은 12년 안팎입니다.

분류	동물계 〉 척삭동물문 〉 경골어강 〉 쥐가오리과	사는곳	태평양, 인도양, 대서양	크기	몸길이 200~240센티미터
먹이	크릴, 플랑크톤 등				

참돔

한국, 일본, 중국, 대만을 비롯해 동남아시아 해역에 분포합니다. 주로 바위와 자갈이 많은 수심 200미터 이하의 바다에 서식하지요. 대체로 17~20도 정도의 수온을 좋아합니다. 참돔은 몸길이 85~100센티미터까지 성장합니다. 타원형 몸이 옆으로 납작한 형태이며, 온몸에 빗비늘이 덮여 있지요. 머리와 눈이 크고, 아가미 뒤쪽부터 꼬리자루까지 등지느러미가 길게 이어졌습니다. 등지느러미에는 단단한 가시가 솟아 있지요. 또한 몸을 가로지르는 옆줄이 보이고, 두 갈래로 갈라진 꼬리지느러미를 가졌습니다. 몸 색깔은 등 쪽이 적갈색, 배 부분은 노르스름한 백색을 띠지요. 옆줄 주위로 푸른빛 반점이 나타나기도 합니다. 참돔은 작은 물고기, 새우, 게, 갯지렁이, 오징어, 성게 등을 먹고 삽니다. 그런데 수온이 낮아지면 먹이 활동을 별로 하지 않지요. 산란기는 4~7월로, 알은 해조류나 바위에 붙어 있지 않고 수중에 떠다니며 부화합니다. 평균 수명은 20~30년 정도로 알려져 있습니다.

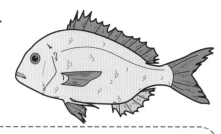

분류	동물계 〉 척삭동물문 〉 경골어강 〉 도미과	사는곳	한국, 일본, 중국, 대만, 동남아시아 등
크기	몸길이 85~100센티미터	식성	작은 물고기, 새우, 게, 갯지렁이, 오징어, 성게 등

청줄청소놀래기

인도양과 태평양에 분포합니다. 주로 산호초와 모래가 많은 해역에 서식하지요. 이 바닷물고기는 몸길이 7~10센티미터 정도의 소형 어류입니다. 긴 원통형 몸이 옆으로 약간 납작한 형태인데, 한 갈래로 된 꼬리지느러미가 크고 넓지요. 그래서 머리와 꼬리의 몸높이에 거의 차이가 없습니다. 등지느러미는 아가미 위에서 꼬리자루까지 길게 이어져 있고, 뒷지느러미도 제법 발달했지요. 청줄청소놀래기는 몸 색깔이 다채롭습니다. 우선 주둥이에서 꼬리지느러미까지 검은 줄무늬가 연결되어 있는데, 뒤러 갈수록 폭이 넓어지는 모습이지요. 그리고 그 주변 몸 색깔이 머리 쪽은 노란색, 꼬리지느러미 쪽은 파란색을 띱니다. 청줄청소놀래기는 청소 물고기 중 하나입니다. 다른 물고기들의 피부나 입 속, 아가미 등에 있는 기생충과 먹이 찌꺼기를 깨끗이 청소하며 살아간다는 말이지요. 그것이 다름 아닌 청줄청소놀래기의 먹이인 것입니다. 바다의 큰 물고기들은 일부러 청줄청소놀래기에게 다가가 몸을 맡긴다고 하지요. 산란기는 7~8월입니다.

분류	동물계 〉 척삭동물문 〉 경골어강 〉 놀래기과
사는곳	인도양, 태평양
크기	몸길이 7~10센티미터
먹이	다른 물고기들의 몸에 있는 기생충과 먹이 찌꺼기

흰동가리

태평양, 인도양에 분포합니다. 주로 수심 10미터 남짓한 얕은 바다에 서식하지요. 수온 25~28도 정도의 따뜻한 바다를 좋아합니다. 흰동가리는 말미잘이 많은 해역에서 자주 발견되지요. 말미잘이 영어로 '씨 아네모네'인 까닭에 '아네모네피시'라고도 부릅니다. 또한 생김새가 분장한 어릿광대처럼 보인다고 해서 '클라운피시'라고도 하지요. 흰동가리는 몸길이 12~15센티미터까지 자라납니다. 가장 눈에 띄는 특징은 밝은 오렌지색 몸에 3개의 하얀 줄무늬가 있는 화려한 겉모습이지요. 그 밖에 각 지느러미의 끝이 둥그스름하고, 눈이 크며, 몸높이가 높은 점도 주목할 만합니다. 몸의 형태는 타원형에, 옆으로 납작한 모습이고요. 평균 수명은 13년 안팎이지요. 흰동가리는 말미잘과 서로 도움을 주고받는 공생 관계에 있습니다. 흰동가리가 눈에 잘 띄는 외모로 먹잇감을 유인해주는 대신, 말미잘은 천적을 피해 자신에게 숨어드는 흰동가리를 독침을 이용해 보호해주지요. 아울러 흰동가리의 주요 먹이는 동물성 플랑크톤, 해조류, 새우 등이지만 종종 말미잘이 먹고 남긴 찌꺼기를 해치우기도 합니다.

분류	동물계 〉 척삭동물문 〉 경골어강 〉 자리돔과	사는곳	태평양, 인도양의 따뜻한 바다	크기	몸길이 12~15센티미터
먹이	동물성 플랑크톤, 해조류, 새우 등				

연어

북태평양과 대서양을 중심으로 분포합니다. 강에서 산란하고 부화한 뒤, 이듬해 봄이 되면 치어들이 바다로 이동해 성장하지요. 그리고 3~6년이 지나 완전한 성체가 되면 다시 자기가 태어난 강으로 돌아와 번식 활동을 합니다. 산란과 수정을 마친 연어는 그 자리에서 일생을 마치게 되지요. 보통 1마리의 암컷이 수천 개의 알을 낳습니다. 연어는 몸길이 60~100센티미터까지 자라납니다. 기다란 원통형 몸이 옆으로 약간 납작한 모습이지요. 머리는 원뿔형이며, 주둥이가 뾰족한 편이고, 등지느러미와 꼬리지느러미 사이에 작은 기름지느러미가 있습니다. 몸 색깔은 등 쪽이 어두운 청색, 배 부분은 은백색을 띱니다. 여기에 산란기가 되면 옆구리에 불규칙한 붉은색 무늬가 나타나기도 하지요. 연어가 민물에서 생활하는 기간은 부화 후 2~3개월 정도입니다. 그때는 동물성 플랑크톤 등을 먹다가 바다로 가서는 작은 물고기와 새우, 게, 갯지렁이 등을 잡아먹지요. 그런데 산란을 위해 강으로 올라오고 나서는 아무것도 먹지 않은 채 오로지 번식 활동에만 집중한다고 합니다. 그렇게 처음이자 마지막으로 알을 낳고 수정한 뒤 암수 모두 죽음을 맞지요.

분류 동물계 〉 척삭동물문 〉 경골어강 〉 연어과 **사는곳** 북태평양, 대서양 **크기** 몸길이 60~100센티미터

먹이 작은 물고기, 새우, 게, 갯지렁이 등

황복

우리나라와 중국 해역에 분포합니다. 번식 과정은 강에서 이루어지지만 일생의 대부분을 바다에서 보내지요. 산란기는 4~6월인데, 황복의 치어는 알에서 깨어난 뒤 얼마 지나지 않아 바다로 내려가 생활합니다. 여러 복어 종류들이 그렇듯 난소와 간, 피부 등에 독이 있어 음식물로 섭취할 때는 각별한 주의가 필요하지요. 황복은 몸길이 45센티미터 안팎까지 성장합니다. 기다란 원통형 몸이 머리 부분은 둥글고 굵으며 꼬리 쪽으로 갈수록 점점 가늘어지지요. 1개의 등지느러미가 꼬리자루 가까이 위치하고, 그 맞은편에 뒷지느러미가 있습니다. 가슴지느러미와 꼬리지느러미도 발달했지만 배지느러미는 보이지 않지요. 피부에 빼곡히 나 있는 작은 가시들도 눈에 띄는 특징입니다. 황복의 몸 색깔은 등 쪽이 흑갈색을 띠고, 배 부분은 하얗습니다. 여기에 가슴지느러미와 뒷지느러미 근처에 검은 반점이 있지요. 또한 입에서 꼬리자루까지 옆구리에는 노란색 줄무늬가 도드라져 보입니다. 황복의 주요 먹이는 다른 어류의 알과 치어, 새우, 게 등이지요. 현재 우리나라에서는 개체 수가 부쩍 줄어들어 환경부에서 보호 어종으로 지정했습니다.

분류 동물계 〉 척삭동물문 〉 경골어강 〉 참복과　　**사는곳** 한국, 중국　　**크기** 몸길이 45센티미터 안팎

먹이 다른 어류의 알과 치어, 새우, 게 등